450엔의 행복,
도쿄 목욕탕 탐방기

글·사진 황보은

달

목욕탕을 찾아가는 도중에 길을 물어보면 다들 한 번씩은 꼭 되물었다.

"목욕탕…… 말입니까?"

"가려는 곳이 목욕탕 맞나요?"

목욕탕 이름이 쓰여 있는 지도 위를 손으로 가리키고 있는데도 내가 뭔가 잘못 알고 있을 거라는 투였다. 아마도 그들은 목욕탕이 외국인이 찾아갈 만한 곳은 아니라고 생각한 모양이지만, 직접 다녀본 목욕탕은 외국인이 현지인의 삶을 체험하기에 더없이 흥미로운 곳이었다.

우연히 잡지에 실린 일본 목욕탕을 보고 그 사진 속 노란색 플라스틱 바가지가 귀여워서 무작정 찾아갔던 나는 그때만 해도 목욕탕에 이렇게 많은 이야기가 담겨 있을 거라고는, 그리고 내가 그 이야기들을 작정하고 찾아다닐 거라고는 전혀 생각하지 못했다.

처음 찾아간 작은 목욕탕에 반해 몇 군데를 더 가보았는데, 그 소소한

정감에 매료되어 급기야 목욕탕만을 여행해보기로 하고 2010년 8월 24일부터 9월 18일까지 도쿄로 약 한 달간의 목욕탕 여행을 떠났다. 한 달 동안 서른다섯 곳(여기에서는 스물여덟 곳을 소개)의 목욕탕을 찾아다니면서 하루에 두 번 목욕을 하기도 하고, 영업 시작 전에 가서 남탕에도 들어가보고, 목욕탕에 관한 재미있는 이야기들도 들을 수 있었다.

일본의 목욕문화를 체험할 수 있는 목욕탕은 일본 전역에 많겠지만, 이번 여행은 도쿄로 한정했다. 가장 변화가 많은 도시이기 때문에 옛날식 목욕탕부터 현대적인 시설의 목욕탕까지 지방보다는 다양한 모습의 목욕탕을 볼 수 있었지만, 언젠가 지방에 있는 목욕탕들을 방문할 기회도 있기를 바란다.

일본으로 공중목욕탕은 '센토錢湯せんとう'라고 한다. 센錢せん은 일본어로 옛날 돈의 단위이고, 토湯とう는 '탕'이라는 의미로, 다시 말해 돈을 내고 들어가는 유료 목욕탕이라는 뜻이다. 최근에는 '슈퍼센토'라고 해서 우리나라의 찜질방처럼 여러 가지 오락시설을 갖추고 레저 형식으로 운영하는 곳도 많지만, 나는 이번 여행에서 시설과는 상관없이 450엔을 받는 '공중목욕탕'만을 방문하기로 결정했다.

많은 사람들이 일본에 가서 온천을 경험했기 때문에 목욕탕이 곧 온천이라고 생각할지 모르지만, 온천과 목욕탕은 분명히 다르다. 온천수는 건강에 도움이 되는 여러 가지 성분이 함유되어 있는 물을 의미한다. 또한 우리가 보통 '온천에 간다'고 할 때는 숙박시설까지 포함하기도 하여 휴양이나 관광의 의미에 더 가깝다. 하지만 목욕탕은 그야말로 목욕을 하기 위해 요금을 내고 씻는 하나의 위생 시설이다. 한국과 다른 점이라면 목욕탕의 물로 지하수와 온천수를 사용하는 곳이 많다는 점이다. 목욕탕 요금 450엔(2012년 현재 도쿄 도내 지정 요금)으로 쿠로유(일본 온천 종류 중 하나) 같은 좋은 물에 몸을 담글 수 있다는 사실을 처음 알았을 때, 나는 속으로 만세를 외쳤다.

매일매일 목욕탕을 찾아다니는 나를 보면서 "목욕탕이 다 그게 그거 아닌가요?"라고 묻는 사람도 있었다. 하지만 센토는 에도시대 때부터 이어져오는 일본사람들의 소중한 생활과 문화의 한 부분으로, 당연히 그 오랜 세월만큼이나 다양하고 독특한 이야기들을 가지고 있다. 그 많은 목욕탕 중에 서른다섯 곳밖에 가보지 못한 것이 아쉬울 뿐.

오십 년이 넘은 목조건물 그 자체로도 흥미로운 목욕탕, 옛날식 체중계, 안마기 등 오래되고 재미있는 레트로 아이템을 만날 수 있었던 목욕탕, 마음까지 넓어지는 후지산을 그린 페인트 그림과 남탕과 여탕이 모두 보이는 반다이가 있는 목욕탕, 목욕을 하고 나면 꼭 마신다는 라무네, 그리고 목욕 후의 군것질과 동네 구경, 점점 사라져가는 공중목욕탕의 수와 살아남기 위해 노력하는 목욕탕 사람들의 이야기까지. 한 달이라는 짧은 시간에도 불구하고 '목욕'이라는 하나의 문화를 둘러싸고 만들어진 목욕탕 역사의 커다란 물결 위를 성큼성큼 걷는 것 같은 인상을 받았다. 그와 동시에 작지만 그들이 소중하게 지키려고 하는 가치들을 만날 때마다 단단하고 작은 징검다리를 하나하나 건너는 듯했다.

처음에 나는 목욕탕을 다니면서 순위를 매겨볼까도 생각했었다. 여기는 온천수이니까 몇 점, 여기는 시설이 좋으니까 몇 점, 하는 식으로 말이다. 하지만 목욕탕 주인들을 한 사람 한 사람 인터뷰하는 동안 2~3대에 걸쳐 내려오도록 오래된 건물의 모양을 보존하면서 마을 사람들을 기쁘게 해주려고 노력하는 주인들의 모습과 자부심을 보고, 역시 순위를 매길 수는 없겠다는 결론을 내렸다. 우리와는 또 다른 도쿄 목욕탕들의 다양한 모습과 매력들이 얼마나 많은데! 처음의 이 마음 그대로 그저 '이야기'해보자는 마음으로 정리했다. 다만 목욕탕을 찾는 손님이 점점 줄어드는 고충을 이야기하며 이 책을 읽은 한국 손님들도 많이 왔으면 하는 주인장의 바람을 담아, 도움이 되고자 목욕탕의 지도를 같이 싣는다.

마음에 드는 이야기가 있다면 꼭 찾아가서 여행 중 지친 몸을 뜨거운 물에 담그고, "좋은 물이네요"라고 인사하며 주인아주머니와 이야기 나눌 기회를 가지시길 바란다.

만약 당신이 일본을 조금 더 깊이 여행하고 싶다면, 이번엔 유카타를 입는 온천이 아닌, 맨몸의 목욕탕으로 가보자! 수채화처럼 화려하지 않지만 연필처럼 진하고, 겉으로는 단순하게 보이지만 무엇보다 다채로운 이야기들이 당신을 기다리고 있을 것이다.

자! 모두, 벗을 준비 되었습니까?

c o n t e n t s

Part 1

스
기
나
미
구

일본사람들은 동네 목욕탕에서 무엇을 마실까?

"목욕 후라면, 라무네지"라는 말에 마셔본 옛날 사이다 맛 병음료.

텐토쿠유

목욕탕 음료수 라무네

토쿄의 서쪽 스기나미 구에는 내가 좋아하는 동네가 잔뜩 있다. 코엔지, 니시오기쿠보, 히가시나카노 등등. 마을 구경을 할 때마다 빈티지한 개성이 있는 가게들과 친절한 주인들이 있는 마을이라는 인상을 받았다. 왠지 그런 개성 있는 마을에서는 목욕탕도 뭔가 독특한 모습을 하고 있을 것이라는 기대가 들어 스기나미 구에 있는 목욕탕들을 검색했다.

마구잡이로 튀어나오는 목욕탕 정보에 오히려 정신이 없어, 그나마 지리에 익숙한 니시오기쿠보의 목욕탕 지도를 뽑아들었다. 첫 시작은 전통적인 외관의 텐토쿠유로 결정. 텐토쿠유로 가는 전철에 오르면서도 내가 이렇게 목욕탕 여행을 시작한 것이 믿기지 않았다.

목욕탕 여행이라니……

어느 잡지에서 노란색 플라스틱 목욕 바가지를 본 순간, 슈가파우더가 듬뿍 뿌려진 먹음직한 프렌치토스트의 사진이나 프라하 풍경이 프린트 된 마그넷을 본 것처럼 흥분했다.

누구나 한 번쯤 여행 팸플릿에서 마음을 끌어당기는 사진을 본 순간 그곳으로 가고 싶어질 때가 있다. 터무니없이 비현실적으로 느껴지는 것이 아니라 지금이라도 걷고 싶어서 두근거리는, 어제도 살았던 것처럼 자연스럽게 녹아들고 싶은 경우가 있을 것이다. 나에겐 목욕탕의 사진이 바로 그것이었다. 화려한 시설의 온천이 아닌 동네 목욕탕의 신발장과 오래되어 보이는 나무 바구니들이었다. 그래서 달려간 몇몇 목욕탕은 운이 좋게도 모두 특별한 개성을 가지고 있었고, 언젠가 목욕탕을 여행해야지 하는 마음을 갖게 해주었다. 그리고 이렇게 오늘, 나는 텐토쿠유의 문 앞에 서 있다.

목욕탕이라…….

어떤 이야기를 만나게 될까? 무작정 찾아간 목욕탕의 미닫이로 되어 있는 문을 드르륵 하고 열자 프런트에 아저씨가 앉아 있다. 마치 잡동사니처럼 가로세로로 틈바구니에 꽂혀 있는 알록달록한 책들과 솜인형, 피규어들……, 자녀들이 어렸을 때 모았을 법한 것들이 주인 없이 아저씨와 남아 있다. 오밀조밀한 작은 거실의 한쪽에 앉아 아저씨에게 이런저런 말을 걸었다.

가장 궁금한 것은 음료였다. 한국에서처럼 일본에서도 목욕이 끝난 후 시원하게 쭈욱 마시는 어떤 것이 있지 않을까 싶었다. 우리 어렸을 때처럼 삼각봉지에 들어 있는 커피우유를 마실까?

"일본에서는 목욕이 끝나면 마시는 음료가 있나요?"

"……음료?"

아저씨는 다시 물었다.

궁금한 것이 있다더니, 왜 음료? 하는 얼굴.

"음료? 음료라……."

때마침 들어온 아저씨의 부인이 대화에 끼어들었다.

"목욕 후라면, 라무네지! 목욕탕에서만 마셔볼 수 있는 거라면 아무래도 라무네지! 물론 아사쿠사(도쿄의 유명 관광지)처럼 파는 곳이 있기는 하지만 편의점 같은 데서는 병에 담은 것은 팔지 않으니까 말이야."

막 목욕을 마치고 나오시는 아주머니도 추임새를 넣었다.

"그렇지, 센토에서는 라무네지!"

"그래요? 그럼 저도 마셔볼까요?"

110엔을 내고 냉장고에서 라무네 한 병을 꺼냈다. 2년이나 일본에 살았었지만 라무네는 마셔본 적이 없다. 라무네는 허리부분이 잘록하게 들어간 투명한 유리병으로 마치 사이다처럼 생겼지만 뚜껑은 여느 음료수와 달랐다. 어떻게 따는 거지? 뚜껑만 만지며 헤매고 있으니, 아저씨가 이렇게 따는 거라면서 시범을 보여주셨다. 라무네 병의 입구 속에 작은 구슬이 들어 있는데, 별도의 플라스틱 뚜껑으로 그 구슬을 누르자 뻥 하는 소리와 함께 구슬이 병 안으로 쏙 들어갔다. 병목에는 구슬이 음료 속으로 빠지지 않도록 오목하게 디자인 되어 있다. 그렇게 열고나서 병 사이에 구슬이 동동 떠 있는 상태로 음료를 마시면 된다.

쭈욱 들이키니 사이다 맛이기도 하지만, 사이다보다는 톡 쏘는 맛이 적다. 탄산이 적은 것은 아닌데 왠지 옛날에 만든 사이다 같은 맛이 난다. 설탕물 같으면서 너무 달지도 않다. 자극적인 맛에 길들여진 나 같은 사람의 경우 약간 밋밋하다고 느낄 수 있지만 그래서 오히려 한 병을 금세 마실 수 있다.

기념으로 다 마신 병을 가져가려고 했더니, 안 된단다. 110엔의 값 중에서 60엔이 병 값이기 때문에 다시 병을 수거해야 한다고. 냉장고 옆에는 빈 병을 모아두는 박스가 있었다. 아주 오래전 필리핀의 시골 마을에 갔을 때 식당에서 먹다 남은 콜라 병을 들고 나오려니까 안 된다며 봉지에 콜라를 붓고 빨대를 꽂아주어서 그걸 물고 다녔던 기억이 난다. 음료보다 병이 비싸니 놓고 가야 한다는 것이다. 투덜거리면서도 그걸 다 먹겠다고 봉지에 콜라를 받았었는데, 이번에는 오랜 시간 한참을 이야기하면서 라무네를 다 마시고 얌전히 병을 돌려드렸다.

요즘엔 음료수 용기가 대부분 페트병인 데다가, 일본은 음료수를 주로 자판기에서 뽑아 먹기 때문에 병으로 된 음료수는 찾아보기가 힘들다. 그래서 그런지 병음료 하면, 일본사람들에게는 뭔가 그리운 느낌의 향수를 불러일으키나보다. 일부러 이런 병음료를 마시려고 목욕을 하러 오는 사람도 있다는 걸 보면 말이다. 욕조가 없는 집이 거의 없기 때문에 몸을 씻으러 온다기보다는 목욕탕이 좋아서 오는 사람이 더 많다. 손님 중의 반은 매일 오는 사람들이라고 한다.

"매일 온다고요?"

놀라서 묻는 나에게 오히려 아저씨가 묻는다.

"한국에서는 목욕탕에 매일 가지 않나요?"

"한국에서 목욕탕은 일주일에 한 번 정도 가는 곳이에요. 그나마 샤워가 생긴 이후로는 젊은 사람들은 벗은 몸을 보이는 것을 싫어해 잘 가지 않고요. 명절에 '때'를 벗기러나 한 번씩 가죠."

"예전에는 집에 욕조가 없어서 다들 매일 목욕탕에 왔어요, 쇼텐가이(마을의 중심이 되는 상점가)의 상인들이 일이 끝나면 집으로 돌아가기 전 들러서 몸을 따뜻하게 데우고 갔지."

데운다. 확실히 우리나라의 목욕과는 다른 개념이다. 다다미에서 생활하는 이들은 우리처럼 겨울밤에 따뜻하게 몸을 데울 만한 온돌을 대신할 것이 필요한 것이다. 그렇다면 매일 목욕탕에 가는 것이 이해가 간다. 우리는 탕에 있는 시간보다 때를 미는 시간이 길다. 그것이 가장 중요한 과제이며 탕에 들어가는 것도 때를 잘 불게 하기 위함이다. 어느 정도 탕에 담근 후에 팔을 손가락으로 스윽 밀면 스물스물 밀려나오는 때 조각을 보고서야 흡족한 미소를 지으며 본격적으로 밀기 위해 탕을 나서는 것이다.

욕조에 담긴 물은 똑같지만, 탕에 들어가는 이유는 일본과 한국이 서로 다르다. 언뜻 같아 보이지만 그 뒤의 배경에는 또 다른 문화가 연결되어 있는 것이다.

뭔가 숨겨진 비밀을 알아낸 것 같아 뿌듯한 마음이 들어 남아 있던 라무네를 시원하게 들이켰다. 점점 재미있어진다. 내가 처음 알고 싶었던 것보다 많은 이야기가 있었다. 세월과 함께 흘러오던 이야기들을 이제 나는 발견하기만 하면 된다. 이 라무네처럼 항상 그곳에 있었지만 알아채지 못했던 비밀들을.

텐토쿠유
목욕탕 음료수 라무네

쇼와 21년(1946년)에 개업해 지금까지 그 모습을 간직하고 있는 텐토쿠유의 외관.
이중으로 올린 지붕이 고풍스럽다.
이런 멋진 건물의 목욕탕이 주택가 사이에서 불쑥 등장하는데 이상하게도 전혀 어색하지 않다.

벽면의 타일 그림

탕이 있는 벽면에는 캇파삼형제와 돌고래, 무지개 등
한눈에 봐도 알록달록한 타일 그림이 그려져 있다.
대부분의 목욕탕에서는 페인트로 후지산을 그리는데,
페인트 그림을 그리는 사람도 두 명밖에 남지 않은 데다가
1~2년마다 그림을 다시 그리는 비용도 만만치 않아,
요즘에는 텐토쿠유처럼 다시 그리지 않아도 되는 타일 그림으로 바꾸는 곳이 많다.

목욕탕 순례 이벤트

목욕탕 조합에서는 매년 여러 가지 이벤트를 한다.
내가 여행하던 시기에는 '목욕탕 순례 이벤트'를 하고 있었는데,
각 목욕탕을 방문해 도장 100개를 받아서 제출하면 증명서를 주는 것과
도장 10개를 받은 후 구(区)에서 주는 선물을 받는 것 두 가지가 있었다.
각 목욕탕은 고유의 도장을 가지고 있다. 나는 오늘 처음으로 텐토쿠유의 도장을 찍었다.
자, 다음 목욕탕으로!

냉장고에 붙어 있는 그림

손님 중 한 분이 그려준 것.
부자가 나란히 목욕을 하는 그림도,
정성스레 텐토쿠유(天德湯)라고 그려 넣은 것도
목욕물만큼이나 따뜻하다.

잊을 수 없는 맛, 라무네

라무네는 1872년부터 팔기 시작했으니까 140년 정도 된 장수 음료수다. 오래된 만큼 그 맛도 옛날식이라 특히 라멘집이나 센토에서 많이 볼 수 있다. 라무네라는 명칭은 레모네이드를 일본식 발음으로 부르면서 만들어진 것인데, 외래어인데도 오래된 이름이라 그런지 레모네이드와는 상관없는 일본식 이름 같다.

라무네는 막부 시절에 나가사키, 요코하마에 반입된 이후 생산하기 시작했다. 처음에는 코르크 마개로 만들던 것을 메이지 20년(1887년)경부터 수입 병을 사용하여 구슬이 있는 것으로 생산했다.

라무네는 마츠리(일본의 축제)나 행사가 있을 때 먹는 음료로 서민들에게 사랑을 받았지만, 콜라 같은 음료가 들어오면서 점차 보기 힘들어졌었다. 도시에서는 거의 볼 수 없었던 라무네는 쇼와 40년(1965년)대에 들어서면서 레트로 붐을 타고 유행하기 시작했고, 제조가 중단됐던 라무네 병도 다시 생산되면서 모두에게 뭔가 그리운 음료로 다시 인기를 얻기 시작했다. 다른 음료에 비해서 빈 병 값이 비싸기 때문에 병을 회수하는 데 어려움이 있어 판매하는 곳이 감소하기도 하지만, 일본 사람들에게는 '그리움'의 이미지로 자리 잡아 아직도 꾸준하게 곳곳에서 팔리고 있는 듯하다. 우리나라 뮤지컬 〈달고나〉가 일본으로 수출될 때 〈라무네〉라는 제목으로 공연되었으니, 라무네가 가지는 일본인들의 정서가 어떤 것일지 쉽게 상상할 수 있다.

텐토쿠유
목욕탕 음료수 라무네

요즘 페트병으로 된 라무네는 김치 맛, 와사비 맛 등 다양한 맛이 있다고 하는데, 아직 본 적은 없다. 라무네를 알게 된 후, 곳곳에서 라무네가 눈에 띄기 시작했으니 김치 맛 라무네도 시야에 들어오겠지만, 발견한다고 해도 마시고 싶을지는 모르겠다.

라무네를 마실 때면 구슬이 물결에 돌아 자꾸 구멍 쪽으로 밀려오는 바람에 음료를 마시는 것을 방해하는데, 그런 점이 또 라무네의 매력이다. 플라스틱 뚜껑을 툭 돌려서 열면 쉬울 텐데 굳이 병따개를 이용해 구슬을 눌러서 열어야 하지만, 전혀 번거롭지 않다. 조금 불편하고 성가신 것들이 오히려 흥미로운 것도 여행만이 줄 수 있는 너그러움이다.

이노우에 에리의 엽서작품
라무네를 알고난 후, 가는 곳마다 라무네가 눈에 띈다.
라무네를 그린 그녀의 엽서를 보면서, 사소한 음료수병에 관심을 가지는 사람이 나 말고 또 있다는 것이 반가워 집으로 데려왔다.

미노와 라무네 공장

'도시의 여름'이라는 주제로 마을 가게들을 소개하는 팸플릿에서 미노와에 있는 라무네 공장을 소개하는 것을 보고서 며칠 후 라무네 공장까지 찾아가고 말았다. 대단한 것이 있을 거라고 예상한 것은 아니지만, 목욕탕 여행 첫날 라무네를 만나서인지 좀 지나치다 싶을 정도로 애정을 가지고 있을 때였다.

공장에는 라무네를 담은 박스가 잔뜩 쌓여 있었다. 공장 옆에 작은 라멘집을 같이 하면서 라멘과 함께 라무네를 팔고 있었다. 공장이라고 해도 다 만든 음료수를 배달하는 곳에 가까운 탓에 라무네를 만드는 과정은 볼 수 없었지만, 라무네와 함께 오랫동안 일한 분의 이야기를 들어볼 수 있었다. 아저씨는 차에 라무네를 싣고 있었는데 주로 오코노미야끼집, 라멘집, 목욕탕으로 배달한다고 했다.

이야기를 하면서도 천천히 라무네를 차에 싣던 아저씨는 내가 "왜?"라고 물어보는 대부분의 질문들에 너무나 당연한 걸 묻는다는 듯 갸웃거렸다.

"왜 목욕 후에는 라무네가 어울릴까요?"

"그야, 계속 마셔오던 거니까?"

미간에 힘을 주면서 뭔가를 더 재촉하는 눈빛을 보냈지만 소용없었다. 정말로 그게 다니까. 아저씨는 문장을 늘려서 대답해주었지만 결국 같은 내용이었다.

텐토쿠유
목욕탕 음료수 라무네

"계속 먹어왔던 것이니까 계속 먹는 거겠죠?"

'라무네 공장'다운 극적인 미사여구를 기대했건만, 나는 몇 줄도 받아 적지 못하고 의기소침해져서 그곳을 나왔다. 아저씨는 계속해서 라무네를 차에 실었다.

라면에 왜 김치를 같이 먹느냐는 질문에 '라면에는 김치'라는 대답 외에 무슨 말을 들을 수 있으랴. 내가 당연한 대답밖에 없는 질문을 한 것 같다. 아저씨가 이제껏 해왔듯이 라멘을 먹고 라무네를 마시는 사람들에게 가져다주는 것처럼 그저 거기 있었던 것들을 다시 보는 사람들은 몇이나 있을까.

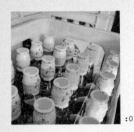

:01

:02

01,02:박스에 담긴 미노와 라무네 병. 공장에서는 한 병당 100엔에 마실 수 있다.
03:공장 한쪽에는 초창기 때 라무네 병부터 전 세계에 팔린 라무네 병을 다 모아두었다.

:03

텐토쿠유
天德湯

주　　소 | 스기나미 구 니시오기키타 4-24-5 (杉並区西荻北 4-24-5)

전화번호 | 03-3390-1561

영업시간 | 16:00~23:15

휴　　일 | 매주 월요일

요　　금 | 성인 450엔

가는 길

JR 중앙선 니시오기쿠보 역에서 걸어서 10분.

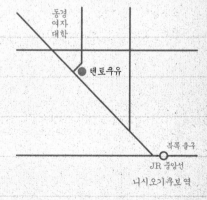

"눈치챘는지 모르지만, 우리 집 목욕 바가지는 오사카에서 사용하는 거예요.
오사카의 바가지는 도쿄의 것보다 더 작답니다."

텐
구
유

노란색 목욕 바가지

도쿄 목욕탕의 요금은 450엔이다. 동전을 골라 450엔을 만든 후, 프런트에 내밀었다. '女湯'이라고 씌어 있는 노렝(상점 입구에 드리운 작은 천막)을 젖히며 들어가는데, 등 뒤에서 아저씨가 인사를 한다.

"다녀오세요!"

아는 사람 하나 없는 처음 온 목욕탕에 마치 단골에게 하는 것마냥 다녀오세요, 라니 낯설고 긴장한 마음이 좀 풀린다. 이번에는 일부러 이런저런 이야기 없이 일단 목욕부터 하기로 했다. 그냥 평범한 손님으로.

목욕탕 안에는 역시 노란색 플라스틱 바가지가 있었다. 내가 처음으로 목욕탕에 관심을 갖게 된 그 바가지! 일본 어느 서점에서 뒤적이다 발견한 책의 뒷부분에 있던 노란색 바가지 사진을 보자마자

"귀엽다!"라고 탄성을 질렀던 바로 그 녀석이었다.

따뜻한 색감으로 보정한 탓도 있었지만, 추운 겨울 얼어붙었던 맘 속까지 따뜻한 기운이 전해지는 듯했다. 이 노란색 바가지에 따뜻한 물을 담아 몸을 씻고 탕에 담그고 싶다는 생각이 들어서 멀리 기타센주에 있는 목욕탕을 지하철로 몇 번이나 갈아타며 찾아갔다(그때는 모든 목욕탕에서 그 바가지를 사용하는 걸 모르고 그 책에 나온 목욕탕을 찾아 그 먼 곳까지 간 것이다).

그 먼 곳의 바가지가 여기에도 있는 것을 보자, 그때 생각이 나서

텐구유
노란색 목욕 바가지

허탈하게 웃었다. 동네 슈퍼마켓마다 파는 요구르트를 마셔보겠다고 홍대에서 의정부까지 간 셈. 하지만 결과적으로 이렇게 여행을 시작한 것이 또 새삼스러워 뭐, 그러길 잘했네, 라고 중얼거리며 목욕을 마치고 나왔다. 볼은 발그레한 채, 아저씨게 말을 걸었다.

이제 어둑어둑해진 창밖처럼 목욕탕 거실도 한적하다.

"아저씨, 목욕탕에선 모두 저 케로린이라고 쓰여 있는 노란색 바가지를 사용하나봐요. 케로린이 뭐예요? 바가지 이름이에요?"

"이 바가지를 많이 사용하죠. 케로린은 제약회사에서 만든 약인데, 바닥에 케로린이라고 새긴 바가지를 사면 싸게 살 수 있어서 다들 이걸 쓰는 거예요. 일종의 스폰서 같은 거지요. 하지만 그것보다, 우리 집 바가지는 다른 목욕탕에 있는 거랑 좀 달라요. 뭐가 다른지 알겠어요? 눈치챘는지 모르지만, 우리 집 바가지는 오사카에서 사용하는 바가지예요. 오사카의 바가지는 도쿄의 것보다 좀 더 작은데."

"오사카의 바가지도 본 적이 없는걸요. 일부러 크기를 다르게 만든 건가요?"

"도쿄에서는 자기 자리에 있는 수도꼭지에서 물을 받아 쓰는 반면, 오사카는 욕조가 한가운데에 있어서 거기서 물을 퍼서 쓰니까 무겁지 말라고 좀 더 가볍고 작은 바구니를 사용해요."

밤늦도록 가지 않고 목욕탕 구석구석을 구경하는 나에게, 아저씨가 말했다.

"다른 날 영업 시작하기 전에 다시 와요. 청소하느라 두 시간 전에는 오니까, 그때 오면 다른 이야기도 해줄게요. 사진도 찍고, 남탕도 구경하고. 하핫."

"정말요? 사진 찍고 싶었는데!"

텐토쿠유에서는 이미 사람들이 목욕을 하고 있어서 목욕탕 내부 사진을 거의 찍지 못해 아쉬웠는데. 저 후지산의 사진도 찍고, 아무도 없는 목욕탕 안을 돌아다닐 수 있다니!

돌아온 일요일, 문을 열기 두 시간 전에 찾아갔더니 아저씨는 한창 청소 중이었다. 얼마나 반질반질 닦았는지 맨발인 나는 나무로 된 마룻바닥에 자국이 날까봐 조심조심 걸었다. 한쪽에는 매일 오는 손님들이 아예 자신들의 목욕용품들을 바구니에 담아 화려한 색깔의 보자기로 싸서 선반에 차곡차곡 쌓아놓았다. 정말 매일 오는 손님들이 있구나.

텐구유는 전자식이 아닌 저울식 체중계, 페인트 그림, 마룻바닥 등 옛날 목욕탕의 분위기를 잃지 않으려고 노력하고 있었다. 물건을 새것으로 바꾸는 것은 오히려 쉬울 터. 낡은 것을 깨끗하게 유지하기 위해서는 새것을 사는 것보다 훨씬 더 많은 노력이 필요하다. 수도꼭지를 보아도 알 수 있었다. 청소하는 데 얼마나 시간이 걸리는지 물어보았더니 탕이 있는 아라이바(탈의실에서 옷을 갈아입고 들어가면 보이는 탕이 있는 씻는 곳)만 두 시간은 걸린다고 한다. 그럼 탈의실과 프런트까지 모두 청소하고나면 정말 하루만 일해도 뻗을 것 같은데, 괜찮으냐고 물어보니 매일 하는 거니까 익숙해져서 괜찮다고 한다. 저렇게 새 물로 매일 채우고 닦는데, 정말 손님이 많이 왔으면 하는 바람이다. 이 모든 정성과 수고가 아깝지 않도록.

01:신발장의 옛날식 자물쇠 꽂혀 있는 나무 키를 빼면 잠긴다. 02:쇼와시대 초기 개업 당시 사진 지금 주인의 할아버지가 쇼와 21년(1946년)에 인수하여 3대째 운영하고 있다. 03:프런트에서 손님을 맞이하는 고양이 인형 아저씨는 프런트부터 이곳저곳에 귀여운 소품들로 장식해놓았는데, 인테리어라는 느낌보다는 그냥 놓아둔 것 같은 정겨움이 있어, 동네 목욕탕 이미지와 잘 어울린다. 04:목욕탕 남탕에서 15년째 살고 있는 카메노스케 쨩 여자아이인 줄 모르고 남자 이름을 붙여줬는데 바꾸지 않고 그대로 부르고 있다. 평소에는 탈의실의 큰 고무 바구니에서 지낸다.

:05

05:**마루야마 씨가 그린 후지산 전경의 페인트 화** "대부분 후지산을 그리던데, 왜 그렇죠?"라고 물어보니, "일본인은 역시 후지산을 좋아하니까요. 파란 바다와 후지산을 보면서 탕에 몸을 담그면 더 시원한 기분이 들죠"라고했다. 좁은 목욕탕이 넓게 보이는 것은 천장이 높고 파란색 후지산을 그려놓은 덕분이겠지. 06:**텐토쿠유에서는 보지 못한 새로운 음료** 산토리의 요구르트. 이유식처럼 생긴 귀여운 디자인에 아담한 사이즈의 저 음료를 마시면 나도 조금은 귀여워질까?

:06

아이스크림가게, 보보리

텐구유에서 목욕을 하고 돌아오는 길에는 아이스크림가게 보보리를 만날 수 있다. 아이스크림가게 하면 베스킨라빈스 같은 체인점이 떠오를지 모르지만 보보리는 그야말로 신선한 우유의 기운이 넘치는 옛날 만화에나 나올 법한 곳이다.

귀여운 젖소 두 마리가 그려진 간판 아래에 드르륵 열리는 미닫이 문을 열고 들어가면 그날 정해진 판매량밖에 만들지 않은 수제 아이스크림을 선착순으로 먹을 수 있다. 갓 짜낸 우유의 신선하고 항기로운 맛을 위해 계란이나 향료, 물엿, 버터 등은 전혀 사용하지 않는다. 인위적으로 맛을 내지 않아서 더 맛있다. 아이스크림이 가진 느끼한 뒷맛에 음료수 하나를 더 사야 할 것만 같지만, 보보리의 아이스크림은 우유를 얼려 먹는 것처럼 시원하고 깔끔하다. 무엇보다 목욕을 하고난 후의 느낌과 아이스크림 마지막 한입까지의 느낌이 잘 어울려서 목욕 후 돌아가는 길에 안성맞춤 간식.

어둑해질 만한 시간인데도 전구 몇 개만으로 충분할 만큼 밝은 초여름의 저녁에는 아직 하루를 마무리하지 않은 사람들의 작은 북적거림이 있다. 이 가게가 역 앞 아케이드와 마을을 연결하는 사거리에 위치해 있어서 그런지 장을 보고난 후 한 손에 봉지를 든 사람, 어린이들과 함께 온 엄마들, 심지어 양복을 입은 남자 둘…… 끊임없이 손님이 이어지고 있었다. 카운터에 늘어선 줄 뒤에서 기다리는 동안 주변을 둘러보고 있자니, 아이스크림을 담아주는 언니가 바쁜 와중에도 젖소 인형을 가리키며 말했다.

"그거, 세계지도예요!"

"네? 뭐가 세계지도라고 하시는 건지……?"

"소의 얼룩을 자세히 보세요, 모양이 세계지도예요!"

"아~!"

나의 짧은 탄성이 나오자마자 좁은 가게 안의 다른 사람들의 시선도 모두 젖소 인형으로 향했다. 누군가가 "그렇네!"라고 하는 소리를 들으면서 얼결에 네모난 콘에 담은 아이스크림을 받아 들었다.

먹을거리마다 가지고 있는 이미지가 있다면 아이스크림은 뭔가 행복함과 연결된다. 한입만 베어물어도 행복해질 것 같은 기대감. 보보리 아이스크림가게는 가게 자체에서 그런 이미지를 실현시켜준다. 작고 안심할 수 있는 깨끗한 아이스크림가게.

정수복 작가는 같은 산책을 하더라도 파리에서의 산책은 오랜 시간 걸어도 육체적으로 피곤하지 않다고 했는데, 그것은 산책을 하며 눈에 들어오는 풍경이 피곤하지 않기 때문이라고 했다. 걷는다는 육체적 활동뿐 아니라 시각적인 풍경 또한 피로감에 영향을 준다는 그 말에 절대적으로 공감한다. 지금 살고 있는 곳에서 조금만 버스를 타고 가면 상점가와 학원가가 나오는데, 빌딩의 창문 하나 보이지 않을 만큼 간판이 빼곡히 들어찬 건물이 수십 개인 지역이다. 읽고 싶지 않아도 걷고 있자면 나도 모르게 그 간판들이 눈에 읽혀서 몇 발자국 가지 못해 지쳐버리고 만다. 그 지역을 이십 분 동안 걷는다고 한들, 그것이 몸에 좋을 수 있을까?

산보란 그야말로 어슬렁거리기다. 텐구유와 보보리 아이스크림가게가 있는 이 마을은 눈에 들어오는 것 모두 조용하고 소소해서 아이스크림을 하나 들고 어슬렁거리기 좋다.

아이스크림가게의 미닫이문을 여닫는 소리가 들릴 만큼 청명한, 그 앞에 놓인 벤치가 소품이 아닌 실제 사용되고 있는 인위적이지 않은 공기에서 먹는 서격함이 좋다. 초여름이라면 더욱 좋을 그런 날의 아이스크림.

아이스크림을 좋아하지 않는 사람이나 즐기지 않는 사람도, 시원하게 씻고난 후 역으로 돌아가는 길에 목욕 바구니를 들고도 괜찮을 것 같은 친근함과 다정함이 가득한 이곳에 잠깐 들러보자.

텐구유
노란색 목욕 바가지

01: 서걱한 알갱이가 눈에 보일 만큼 신선한 아이스크림을 네모난 콘 위에 올려준다.
02: 진열장 앞에 있는 젖소의 얼룩은 자세히 보면 세계지도!

이 가게에서는 아이스크림 말고도
잼이나 시럽, 가끔은 산지직송 야채나 과일을 팔기도 한다.

주　　소 | 스기나미 구 니시오기미나미 1–21 (杉並区西荻南 1–21)

전화번호 | 03–3333–9461

영업시간 | 15:45~24:45

휴　　일 | 매주 금요일

요　　금 | 성인 450엔

가는 길

JR 중앙선 니시오기쿠보 역에서 걸어서 7분.

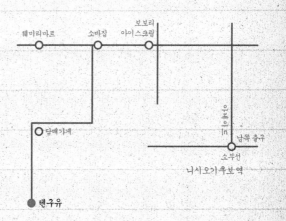

'유부네스트'라는 새로운 단어를 만들어내는 것은 '센스'보다는 '애정'에서 나오는
것이다. 민트색 티셔츠, 새로운 단어, 모두 개성 넘치는 마을 코인지와
잘 어울리는 색, 단어, 생각이다.

나미노유는 좀 특이했다. 아니 정확히 말하자면 주인아저씨의 아들이 특이했다.

삼십 대 초반으로 보이는 이 아저씨(청년?)는 이것저것 물어보면 무심한 듯 만사가 다 귀찮은 것처럼 퉁퉁거렸지만, 선택해서 사용하는 단어들에는 다른 어느 주인들보다 분명한 자부심과 고집이 섞여 있었다. 이야기 도중 슈퍼센토 이야기가 나오자 목소리 톤이 조금 높아지면서 "공중목욕탕과 슈퍼센토는 분명히 달라요. 슈퍼센토는 레저, 공중목욕탕은 생활입니다"라고 분명히 구분했다. 공중목욕탕이 사람들의 생활 일부를 차지하고 있는 공간이라는 자부심이 있었다. 까다롭게 들리지만 오히려 이런 사람과는 할 수 있는 이야기가 더 많다.

참고하라며 건네준 나미노유의 팸플릿은 마치 시부야 거리 한복판에서 나눠줄 만한 잡지처럼 젊은 디자인이었다. 나미노유닷컴www.naminoyu.com이라는 홈페이지도 그렇고 포토그래퍼가 찍은 듯한 보정된 전문적인 사진 등 젊은 사람들에게도 어필하고자 하는 노력이 곳곳에서 보였다. 표지를 자세히 보니 굴뚝부터 연결한 줄에 잉어를 매달아놓은 것이 보였다.

나미노유에서는 초여름인 4월말부터 5월말까지 잉어를 게양한다. 처음에는 일곱 마리였는데 주민들이 후원해서 지금은 서른 마리까지 늘어났다(주민들이 장식품에 도움을 준다는 것 또한 목욕탕이 마을에서 어떠한 존재인지 알 수 있다). 전통적인 건물을 가지고 있는 목욕탕의 경우 지붕 아래에 건강을 상징하는 학이나 잉어를 조각해서 장식하는데 나미노유는 굴뚝에서 잉어가 헤엄을 치도록 했다. 잉어들이 줄지어 바람에 날려 하늘을 헤엄치는 모습을 보는 것만으로도 건강해질 것 같다.

프런트가 있는 거실 한쪽에는 등에 'Are you a yubunest?'라는 문장이 적힌 티셔츠가 걸려 있었다. 유부네스트? 처음 보는 단어인데 무슨 뜻이지?

'유부네湯船'는 목욕탕 내의 욕조를 말한다. 당신은 유부네스트인가? 라는 질문은 아마도 당신은 그만큼 목욕탕을 좋아하는 혹은 즐기는 사람인지 묻는 의미인 듯하다. 이 단어는 주인의 아들이 직접 만들었다고 했다. 보통은 자신들이 운영하는 목욕탕의 상호를 새길 텐데, 그러지 않고 '유부네스트'라는 새로운 단어를 만들었다.

아무도 '욕조'라는 단어에서 욕조쟁이 같은 단어를 만들어낼 생각은 하지 못할 것이다. 뭔가 더 그럴듯하고 멋들어진 단어를 찾겠지. 항상 있었던 것에 새로운 시각을 갖는 것은 완전히 낯선 곳에서 특별한 것을 발견하는 것보다 어려운 일이다. 그리고 그것을 가지고 단어를 만들어내는 것은 '센스'라기 보다 '애정'에서 나오는 것이다.

민트색 티셔츠, 유부네스트, 모두 이 코엔지라는 개성 넘치는 마을과 어울리는 색, 단어, 그리고 생각이다.

:01

:02

01: **나미노유의 페인트 그림** 보통의 후지산이 아닌 아카후지(붉은 후지산)가 그려져 있다. 후지산을 뒤로 하고 큰 바다로 나아가는 배의 그림을 보고 있자면 목욕하는 기분 또한 분명 시원해질 것이다. 02: **우산꽂이의 열쇠마다 나미(並)라고 도장 찍힌 나무 조각** '나미'는 보통이라는 뜻이다. 허세 없고, 소박한 이 목욕탕과 잘 어울리는 이름이다.

멀리서도 보이는 굴뚝
지도를 보아도 길을 잘 찾지 못할 때는 고개를 들어 멀리 하늘을 바라보면 된다.
대부분 평지인 도쿄의 골목길에서 우뚝 솟은 목욕탕 굴뚝을 금세 찾을 수 있을 것이다.

스기나미 구의 마스코트 오리 주인아저씨는 쟈마(거추장스러운 것)!라고 달가워하지 않았지만 나는 목욕 수건을 목에 두른 오리의 귀여운 자태에 꺅꺅 소리를 질러댔다.

나미노유
なみの湯

주　　소 | 스기나미 구 코엔지키타 3-29-2 (杉並区高円寺北 3-29-2)

전화번호 | 03-3333-9461

영업시간 | 15:00~25:30(수요일 18:00~) | 일요일 8:00~12:00

휴　　일 | 매주 토요일

요　　금 | 성인 450엔

가는 길

JR 중앙선 코엔지 역에서 걸어서 7분.

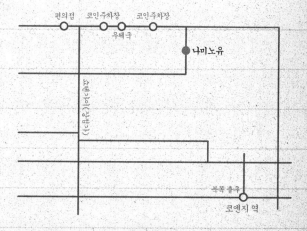

77년 동안의 세월 동안 좁은 골목을 지켜온 이 목욕탕인 분명 77가지도 넘는
이야기가 있을 것이라고 생각하는 사람도 분명 여행자뿐일 것이다.

코스기유

작은 갤러리가 있는 목욕탕

도쿄에는 목욕탕 전문 잡지가 있다. 『1010』이라는 잡지인데, '센토'라고 읽는다. 센토의 '센鐵せん'은 일본의 옛날 돈의 단위지만, 같은 발음으로 숫자 1,000을 의미하는 단어가 있다. 마치 우리나라의 '배'라는 단어가 먹는 배와 타는 배 등 여러 가지 의미를 가지는 것처럼 말이다. '토우湯とう' 역시 '탕'이라는 뜻이지만 날짜 10일을 의미하는 '토오카'와 첫음절이 비슷하다. 그래서 '1010'을 센토라고 읽고, 심지어 10월 10일을 목욕탕의 날로 정해서 여러 이벤트를 열곤 한다.

어느 한 목욕탕에서 그 잡지를 받아 들고 집에 오는 길에 넘겨보다가, 매달 특별한 목욕탕을 선정해 소개하는 코너에서 코스기유를 발견했다. '갤러리가 있는 목욕탕'이라는 타이틀과 기모노로 만든 특별한 노렝 등 몇 페이지 안 되는 분량의 짧은 소개글인데도 금방 특

별한 목욕탕이라는 것을 알 수 있었다. 나미노유 구경을 마치고 그와
5분 거리에 있는 코스기유로 향했다.

프런트가 있는 거실 한쪽에는 정말 작은 갤러리가 있었다. 코엔지
는 마츠리(일본의 축제) 때 그룹을 지어 추는 봉오도리(전통 음악에 맞
춰 추는 춤)로 유명한데, 그 모습을 사진이나 한지 공예 등으로 표현한
작품들을 전시하고 있었다. 전시 작품은 한 달에 한 번씩 교체하고,
지나간 작품은 홈페이지에서 사진으로 감상할 수 있도록 했다. 에도
시대의 목욕탕은 동네 사람들이 매일 모여 목욕을 한 뒤, 바둑도 두
고 쉬었다 가는 '만남의 광장' 같은 곳이었다. 지금은 집에 욕조가 있
어 사람들도 매일 오지 않고, 오는 사람 모두가 예전만큼 서로 알고

코스기유
작은 갤러리가 있는 목욕탕

지내는 것은 아니지만 이렇게 목욕탕 한쪽 공간을 갤러리로 만들어 마을 사람들이 모여 쉴 수 있는 공간으로써의 역할을 해내려는 노력이 참으로 대견했다. 더구나 옛것의 모양을 지키면서도 고유의 개성을 가진 목욕탕으로 특별하게 만들어가려는 노력은 광고만 화려한 보여주기 식의 내실 없는 여느 공간과는 확연하게 다르다.

프런트 한쪽에 테이프로 간단히 붙여놓은 A4 크기의 종이에는 코스기유의 77주년을 기념하는 77분 콘서트 소식이 흑백으로 적혀 있었다. 어느 소녀 가수의 기타 연주와 노래로 77분 동안 공연을 한다는 것이었다.

목욕탕에서의 콘서트라. 77주년을 기념하는 행사치고는 포스터도 콘서트도 단촐한 듯하지만, 이것 또한 오랜 시간 조용히 이곳을 지켜온 목욕탕과 잘 어울리는 이벤트다.

코스기유의 정면 사진을 찍고 싶어서 밖으로 나왔지만 길이 워낙 좁아 건넛집 대문에 바짝 등을 붙여도 프레임 안에는 아주 일부만 잡힐 뿐이었다. 77년 동안 목욕탕을 들락거리면서 이렇게 길 건넛집에 등을 붙이고 지붕 밑 잉어를 올려다본 사람이 몇이나 있을까? 몇 년을 왔다 갔다 했던 사람보다 더 구석구석 볼 수 있는 것은 아마 호기심 가득한 타지의 여행자뿐일 것이다.

77년의 세월 동안 좁은 골목을 지켜온 이 목욕탕엔 분명 77가지도 넘는 이야기가 있을 것이라고 생각하는 사람도 분명 여행자뿐일 것이다.

단순히 일본에서도 때를 미냐는 질문에만 답할 수 있는 여행이 아닌, 물어보지 않을 것들에 대한 무수히 많은 대답들을 가지고 돌아갈 목욕탕 여행을 하고 있음에 또 가슴이 설렌다.

나미노유와 코스기유에 갔던 날은 마침 대대적인 봉오도리가 있는 날이어서 서른 개가 넘는 그룹들의 멋진 춤사위를 볼 수 있었다. 어린아이부터 할아버지까지 연령 상관없이 구성된 팀들을 보고 주민으로 보이는 사람에게 저 그룹은 어떻게 구성하는 건지 물으니, 마음 맞는 상점가 사람들끼리 오랜 시간을 들여 연습을 한다고 한다. 어린아이들이 분장에 가까운 빨간 립스틱을 칠하고 준비 자세를 취하며 상기된 모습을 보니 나까지 긴장이 되었다. 마침내 북을 둥둥 울리며 알 수 없는 구호를 힘차게 외치는 모습에 감동하여 눈물도 찔끔 날 것만 같았다. 그중에 한 명은 외국인이었는데, 다른 사람들처럼 절도는 없었지만 진심으로 춤추며 즐거워하는 모습이 오히려 축제를 구

코스기유
작 은 갤 러 리 가 있 는 목 욕 탕

경하는 사람들의 흥을 돋웠다.

　신주쿠에서 겨우 몇 정거장밖에 떨어지지 않은 이곳에 이렇게나 아담한 마을이 있는 것 또한 매번 도쿄를 탐험하면서 놀라는 부분이다. 개발이라는 명목 아래 점점 똑같은 모양으로 번져나가는 우리네 도시에서는 아마 서울은커녕 수도권에서도 이런 정겨운 모습은 보기 힘들지 모르겠다.

　이 마을에는 아직도 남아 있는 것이 많고, 소중히 여기는 것이 많다. 아마도 그래서 내가 가본 어떤 마을보다 목욕탕의 주인들이 할 이야기가 많았나보다.

기모노를 만드는 옷감으로 제작한 노렝 보통은 노렝에 목욕탕의 상호를 새기는데 코스기유는 지붕의 잉어를 모티브로 한 그림을 작가 이치가와 마사미에게 의뢰하여 만들어 걸었다. 이름을 쓰지 않아도 충분한, 코스기유다운 노렝이다.

지붕의 잉어 장식 오래된 목욕탕에는 지붕 처마에 장수와 건강을 의미하는 동물인 학이나 잉어를 형상화해 장식한다. 오래된 건물을 헐고 현대식 건물을 지어도 이 장식만은 남겨두는 곳이 많다.

목 욕 후 꼬 르 륵 대 는 배 를 채 우 는 라 멘 버 거

목욕 후에는 항상 배가 고프단 말이지!

목욕을 마치고 나오면 항상 해가 지고 있었다. 어둑해지는 길을 터 벅터벅 걸어 돌아오자면 항상 배가 고팠다. 뜨거운 탕에 오래 담가서 그런 것인지, 아니면 끝이 보이지도 않게 나오는 때를 신 나게 밀어서 인지 알 수 없지만, 몸은 개운하면서도 힘이 나질 않는다. 빨리 가서 한숨 자고 싶기도 하고, 겨울이라면 어묵이라도 하나 입에 물고 싶을 정도로 배가 고프다.

코엔지에서는 아주 맛있는 군것질거리를 하나 발견했다! 허기진 배를 양껏 채워줄 구수하면서 달콤한 맛.

그것은 바로, 라멘버거!

코엔지의 역 한쪽 귀퉁이에선 건장한 남자들이 엄청 남자다운 차 림을 하고 라멘버거를 만들고 있었다. 버거의 빵 대신 면을 틀에 넣 고 구워냈다. 틀에 의해 둥그렇게 모양이 잡혀 겉이 살짝 바삭하게 구워진 상태가 되면 일단 종이에 담고, 그 사이에는 라면에 들어가 는 재료들을 넣는다. 채 친 양배추, 죽순, 콘, 돼지고기 등을 넣은 후 마지막으로 소스를 골라서 듬뿍 뿌려 먹는다. 버거를 들면 젓가락을 준다. 익힌 라면과 야채를 같이 소스에 버무려 먹으면, 라면을 먹는 건지 버거를 먹는 건지 모르게 구수하면서도 달콤한 맛에 즐겁고 신 이 난다. 마치 더운 여름밤 마츠리의 맛!

더운 날씨에 땀도 흠뻑 나서 배가 더 고팠는데 맥도널드에서 얼음이 잘게 들어 있는 콜라까지 함께 먹으니 "캬아-!" 감탄사가 절로 나온다.

한여름의 목욕탕, 마츠리, 그리고 라멘버거.

충분히 훌륭한 하루다.

코스기유
작은 갤러리가 있는 목욕탕

코스기유
小杉湯

주　　소 | 스기나미 구 코엔지키타 3-32-2 (杉並区高円寺北 3-32-2)

전화번호 | 03-3337-6198

영업시간 | 15:30~25:45(수요일 18:00~) | 일요일 8:00~12:00

휴　　일 | 매주 목요일

요　　금 | 성인 450엔

가는 길

JR 중앙선 코엔지 역에서 걸어서 7분.

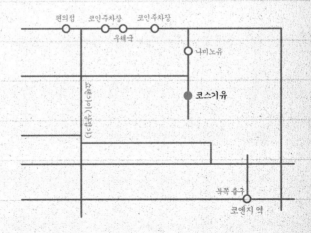

"남탕도 보이고, 여탕도 다 보이면 쑥스럽지 않을까요?"
"에이, 다 어렸을 때부터 보던 사이니까 괜찮은 거지!"
아니, 그런 사이니까 더 창피할 것 같은데……!

하마노유에는 오래된 것들이 많았다.

특히 요즘 목욕탕에서는 여간해서 볼 수 없는 반다이 구조였다. 오래된 코스기유나 텐토쿠유도 모두 프런트식 입구였다. 보통 프런트에서 돈을 내고 남탕 혹은 여탕으로 갈라져 들어가지만 일본의 옛날식 목욕당은 문을 열고 남탕이나 여탕의 입구로 들어가서 반다이라고 부르는 곳에 앉은 주인에게 요금을 낸다. 그러니까 프런트는 들어오는 손님을 바라보고 있지만 반다이는 반대로 양쪽 탕을 바라보게 되어 있는 식이다. 마치 테니스 코트의 심판처럼 약간 높은 위치에 앉아 남탕과 여탕의 탈의실을 다 볼 수 있도록 되어 있다. 남자주인이나 여주인 모두 앉기도 하지만 대부분 할머니가 앉는다(벗은 몸을 보이기에는 아무래도 옛날부터 할머니가 가장 편한가보다). 하지만 요즘엔 할

머니가 앉아도 고등학생 정도의 남학생이나 여학생이 오면 부끄러워
서 그냥 돌아가버리는 경우도 있다고 한다. 나도 처음 기타센주에 있
는 목욕탕에 갔을 때 반다이에 아저씨가 앉아 있길래 '어? 갈아입는
것이 보이지 않나?' 하는 생각이 들어 한쪽 구석에서 조심조심 했던
기억이 난다. 하지만 원래 보이는 것이었다니, 주뼛거리는 내 모습에
아저씨가 더 민망했겠다.

　주인아주머니께 왜 반다이는 이렇게 양쪽 탈의실이 보이는 구조로
되어 있냐고 물으니, 예전에는 로커가 아니라 바구니에 물건을 담아
두었기 때문에 누군가 물건을 훔쳐갈 수도 있고, 목욕탕에서 넘어지
거나 하는 일이 있으면 바로 체크도 할 수 있기 때문이라고 했다.

　"모르는 사람이라면 한번 보고 말 테니 괜찮겠지만, 반다이에 앉아
있는 분이 동네 사람이니까 밖에서 만나면 서로 쑥스럽지 않을까요?"

하마노유
옛날식 프런트, 반다이

"에이, 다 어렸을 때부터 보던 사이니까 괜찮은 거지!"

"그런가요? 저는 아는 사이라서 더 쑥스러울 것 같은데……."

아주머니와 내가 생각하는 '부끄러움'은 좀 달랐지만, 요즘엔 나처럼 벗은 몸을 보이는 것을 쑥스러워하는 젊은 사람들이 많아서 프런트 형식으로 바꾸는 곳이 많다고 한다. 하지만, 이왕이면 이런 전통적인 건물 안에는 반다이가 남아 있으면 좋겠는데, 다들 바꾸고 있다고 하니 타지인의 입장에선 많이 아쉽고 서운해서 몇 번이고 반다이 사진을 찍었다.

사진을 찍으며 프레임 안에 들어오는 하마노유의 면면은 그야말로 오래된 옛날의 목욕탕이었다. 니스칠한 마룻바닥, 나무로 짠 바구니, 고정된 샤워기, 나무 천장, 다시, 반다이…….

일본 목욕탕만의 특징이 또 있다면, 그것은 벽과 천장이 맞닿아 있지 않다는 것이다. 그래서 위의 뚫린 공간으로 남자 탈의실에서 나는 소리가 다 들린다. 이것은 탕 안에서도 마찬가지. 남탕의 소리가 다 들리다보니 금방이라도 옆으로 올 것 같아 목욕을 하면서도 몇 번이나 깜짝깜짝 놀랐는지 모른다. 이렇게 천장이 뚫린 것은 옛날식이나 현대식이나 같다.

예전에는 시계가 없어서 벽 건너편으로 "나, 나가요~!"라고 말하면 남편도 나와서 함께 돌아가곤 했다고 한다. 목욕을 마치고 나가면, 나이 지긋하신 어른이고 젊은 사람이고 할 것 없이 남자들이 일렬로 쭈욱 앉아서 기다리고 있는 것이 우리네 목욕탕 풍경인데 말이다.

'목욕탕은 이래야 제맛'이라고 생각하는 것들은 아마도 오랫동안 익숙한 것이 그대로 남아 있을 때 느껴지는 친밀감을 뜻할 것이다. 나에게는 낯선 무언가가 이들에게는 익숙한 그 '맛'이 되는 것이다. 모두가 똑같아지지 않고 그대로 남아 있다면 타지인에게도 그 '맛'을 경험할 기회가 주어질 것이다.

부디 반다이도, 이렇게 높은 나무 천장도 그대로, 그대로 남기를.

하마노유
옛날식 프런트, 반다이

:01

:02

01:**목욕 바구니** 로커가 있긴 하지만 아직도 로커를 이용하지 않고 이렇게 나무 바구니에 옷가지를 담는 사람들이 있다. 나도 일부러 이 바구니를 이용해보았다. 02:**자리마다 그려진 백조 타일** 하마노유에는 특히 시설들이 옛날 스타일 그대로인 것이 많다. 하지만 모두 반짝반짝 닦아놓아서 깨끗하다. 고정된 샤워기와 백조가 그려진 타일 그림.

:03

:04

03: **하마노유의 도장** 정성스럽게도 두 손으로 꾹 찍어주신 하마노유의 도장은 검정색!
04: **남탕 표시** 이미 영업이 시작되었을 때는 양해를 구하고 목욕 중에 들어가 내부 사진을 찍기도 했다. 남탕에 손님이 있는데도 괜찮다며 남탕 사진도 찍으라고 하면 당황스러워하며 거절하는 것은 오히려 내 쪽이다. 거절했다는 이야기를 들은 친구는 취재의 열정이 부족하다며 나를 나무랐지만 아무래도 남탕은 무리.

하 마 노 유
浜 の 湯

주　　소 | 스기나미 구 하마다야마 3-24-4 9 (杉並区浜田山 3-24-4 9)

전화번호 | 03-3303-6665

영업시간 | 16:00~23:30

휴　　일 | 매주 월요일

요　　금 | 성인 450엔

가는 길

게이오 이노카시라 선 하마다야마 역에서 걸어서 2분.

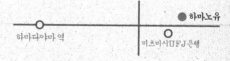

매일 남탕과 여탕을 바꾸어가며 사용하면,

어제 갔던 남탕으로 가는 것 아니야?

"목욕탕 이름이 특이하네요?"

유노락湯の楽. 우리말로 해석하면, 물의 즐거움 또는 목욕의 즐거움 정도가 되겠다. 주인아저씨는 쇼와 26년(1951년) 우메노유梅の湯로 시작하여 2대에 걸쳐 삼광三光온천으로 내려온 목욕탕의 이름을 3대째 때 자신이 경영을 시작하면서 바꾼 것이라 했다. 좀 더 새로운 이름을 고민한 끝에 목욕을 즐기자는 뜻의 유노락으로 말이다. 일본사람들도 한번 물어보지 않은 질문이라면서 자신이 지은 이름에 대해 이야기할 기회가 생긴 것에 기뻐하는 듯했다.

유노락 다이타바시의 가장 큰 특징은 매일매일 남녀 탕을 돌아가며 바꿔 사용하는 히가와리日替わり라는 것이다. 히가와리는 원래 매일 바뀌는 것이란 뜻으로, 남탕에는 사우나 여탕에는 노천탕, 이렇게 서

로 다른 시설을 두고 매일 바꿔 사용하는 것을 말한다.

"바뀌어버리면 무의식적으로라도 어제 갔던 여탕 쪽으로 들어가지 않을까요? 매일 달라지면 헷갈릴 텐데."

"그래서 이렇게 커다란 표지판을 입구 앞에 놓아두지요. 헷갈리지 않아요."

내가 걱정스러운 듯 묻자 주인아저씨께서 표지판을 가리켰다. 일전에 다이타바시의 시장을 구경하면서 근처에 좋은 목욕탕 있는지 물으니, 여기를 알려주면서 "거기는 히가와리도 하잖아"라고 자기들끼리 말하던 것이 기억났다. 매일 바뀐다는 게 이거였구나.

아직 문을 열기까지 시간이 좀 남아서 양쪽 탕을 구경하려고 여탕으로 먼저 들어갔다. 오늘은 사우나가 있는 쪽이 여탕이다. 한참 청소 중인 탕 한쪽 구석에 젊은 청년이 포대자루에서 소금을 푸고 있

유노락 다이타바시
어 제 의 남 탕 이 오 늘 의 여 탕

었다. 이 목욕탕 손님이었던 청년은 어쩌다보니 직원이 되어버렸다며 웃었다. 하지만 원래는 뮤지션이라고 소개하는 그. 그래서 그런지 사진기를 들어도 어색함 없이 자연스럽다. "역시 뮤지션이네요!"라고 놀리자 쑥스럽게 웃으면서도 오키나와 악기를 연주하는 자신의 음악 활동에 대해 진지하게 이야기를 했다.

어제의 남탕이 오늘 여탕이 되고, 어제의 손님이 오늘은 함께 일하는 사람이 되는 곳.

물이 즐거운, 유노락 목욕탕이다.

:01   :02

01·02:**유노락 다이타바시에서 아저씨가 마셔보라고 건네준 새로운 음료 허니푸C** 사과맛 음료 안에 매실이 통째로 들어 있다. 떫을까봐 긴장하며 깨문 매실은 의외로 달콤했다. 정말 맘에 쏙 든 음료.

万作経営の梅の湯　昭和27年ごろ

:03   :04

03·04:쇼와시대 초기 개업했을 때 사진 1951년 개업하여 지금의 아저씨가 3대째다. 사진 속의 아저씨는 검은 머리에 꽤 젊은 모습. 사진 속의 아이들이 가업을 이으면 4대가 된다. 일본에서는 목욕탕도 다른 가게들처럼 가업인 경우가 많다. 어느 나라보다 빠르게 돌아가는 일본에서 몇 대째 가업을 이어나가는 것 또한 신기한 일이다.

목욕탕에서 구입할 수 있는 '빈손세트' 우리나라에서 일회용 샴푸 같은 것을 파는 것처럼 빈손으로 온 사람들을 위해 판매하는 것인데, 이름 붙이기 좋아하는 일본답게 세트로 구성해서 '빈손세트'로 판매하고 있다. 수건 종류도 얇은 것과 두꺼운 배스타월로 나눠 구성에 따라 가격이 다르다. 기념으로 하나 구입해도 좋을 듯하다.

스기나미 구의 마스코트인 타월을 두른 오리를 든 주인아저씨 목욕탕에 관심을 보이는 외국인이 반가웠는지, 포즈도 설명도 적극적이었던 아저씨가 건네준 매실 음료가 아직도 가끔씩 생각난다.

유노락 다이타바시
湯の楽 代田橋

주　　소 | 스기나미 구 이즈미 1-1-4 (杉並区和泉 1-1-4)

전화번호 | 03-3321-4938

영업시간 | 평일 15:00~24:30 | 일요일 14:00~

휴　　일 | 매주 수요일

요　　금 | 성인 450엔

가는 길

게이오 선 다이타바시 역 북쪽 출구에서 걸어서 5분.

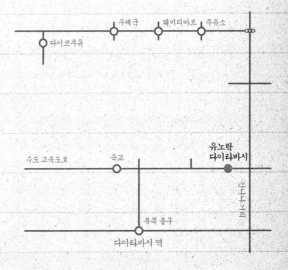

아저씨는 크핫 하고 웃더니 장난꾸러기 같은 얼굴로 이야기를 시작했다.

"그건, 오사카 사람들이 구두쇠라서 그래."

페인트 그림을 그리는 데는 10만 엔, 우리 돈으로 약 130만 원 정도가 든다. 일본사람들은 목욕탕 벽의 페인트 그림을 아주 그리운 어떤 정취로 여기며 좋아하는데, 손님이 많았던 옛날이야 그림 밑에 지원을 해준 회사의 광고를 붙이는 식으로 스폰서를 받았지만, 손님이 줄면서 점점 일 년에 한 번씩 다시 그림을 그리는 것이 힘들어지고 있다.

오늘 찾아간 다이코쿠유 또한 후지산을 다시 그리기가 힘든 상황이었는데, 마침 토야마 현에서 연락이 왔다. 후지산 대신 토야마 현의 풍경을 그리면 비용을 지원하겠다는 것이다. 토야마 현은 호쿠리쿠 지방에 위치하고 있으며, 높은 산과 평야로 이루어져 자연경관이 빼어난 관광지다. 페인트 그림을 보면 눈 덮인 높은 산들 앞으로 쿠로베 협곡을 지나가는 유명한 협궤열차의 모습이 담겨 있다. 일본의 알프스라고 불리는 이 지역의 아름다움을 저 페인트 그림으로 다 표현할 수 없겠지만, 일본인들이 여행가고 싶어 하는 지역인 토야마 현의 저 유명한 열차만 기억나게 한다고 해도 충분히 효과가 있을 것이라 생각한다.

아저씨는 토야마 현의 홍보대사가 된 것마냥 그곳의 특산물이나 유명한 오도리(춤)에 대해서 설명하셨다. 노란색 목욕 바가지에 쓰여 있는 케로린 회사도 토야마 현 출신이라는 것이다. 그러면서 가지고 나온 케로린 바가지를 보면서 나도 무언가 아는 척을 하기 위해 텐구유에서 들은 이야기를 꺼냈다.

"오사카에서는 크기가 다른 바가지를 사용하지요? 유부네에서 물을 퍼 올릴 때 무겁지 말라고요."

아저씨는 혼자 크핫, 하고 웃더니 장난꾸러기 같은 얼굴로 이야기를 시작했다.

"아니야, 그건 오사카 사람들이 구두쇠라서 그런 거예요. 손님들이 물 많이 풀까봐 아까워서. 크크크."

아저씨는 옆에 오사카 사람이라도 있는 것처럼 조심하면서 오사카와 도쿄 사이 견원지간의 비밀을 풀어놓으셨는데, 얼마나 재미있게 이야기하시는지(그게 다 사실이건 아니건 간에) 시간이 많이 흘러버리고 말았다.

겨우 이야기 주제를 목욕탕으로 돌려서 아저씨와 함께 아라이바로 들어왔지만 토마야 현의 그림을 빼면 눈에 띄는 것은 그다지 없는, 욕조도 하나뿐인 작은 목욕탕이다.

그렇지만 2층 높이로 뚫린 천장과 그 위에 난 창으로 들어오는 햇살이 페인트 그림만큼이나 시원스러웠다. 단순히 남녀의 탕 건너편으로 소리가 들리는 정도가 아니라 2층이나 되는 높이로 천장을 올린 이유가 궁금해 물어보니, 페인트로 그린 후지산에 대해 물었을 때와 같은 답이 돌아왔다.

"마음이 시원해지라고. 옛날식 목욕탕은 다 저렇게 2층 높이로 천장을 올려. 저 정도는 돼야 목욕할 맛이 나지."

확실히 작은 실내지만 천장을 높게 후련하게 뚫어놓아서 물소리도 울리는 동시에 노천에 있는 것 같은 개방감을 느끼게 해준다. 사실 목욕탕의 천장을 저렇게 높게 만든 이유는 습기에 의해 아라이바가 곰팡이가 번식하기 쉬운 환경이 되기 때문에 따뜻한 수증기를 가능한 한 높이 날려서 위생적으로 실내를 관리하기 위함이다. 하지만 마음이 시원해지라고 10만 엔이나 하는 후지산 페인트 그림을 굳이 그리는 이 사람들에게 있어서는 아저씨의 말이 정답일 것이다.

시원시원한 성격의 주인아저씨에게 나도 시원하게 말했다.

"아저씨, 여기는 목욕탕보다 주인이 더 재밌네요! 그러니까 한국사람들 오면 아저씨가 재밌게 해주셔야 해요!"

아저씨는 알아듣기도 힘들 정도의 빠른 속도로 대답하며 서둘러

영업 준비를 하러 가셨다. 일본사람답지 않은 호탕한 하와이안 셔츠를 입는 아저씨가 운영하는 센토라면, 시설은 조금 평범해도 충분히 즐거운 시간을 보낼 수 있을 것이다.

다이코쿠유
하 와 이 안 서 츠 의 주 인 아 저 씨

목욕탕 페인트 그림

다들 물에 몸을 담그고나면 뭘 할까?

뜨거운 물에 적응이 되고나면 두 손으로 어깨에 물을 한번 끼얹고 주위를 둘러본다. 골똘히 생각하기엔 몸이 뜨겁고 함께 앉아 있는 아주머니와 시선이 마주쳐 쑥스러운, 바로 그때 보이는 것이 목욕탕의 벽에 그려진 페인트 그림이다.

앞에서도 여러 차례 이야기했지만, 일본의 공중목욕탕에는 탕이 있는 벽면에 그림이 그려진 것을 쉽게 볼 수 있다. 옛날에는 모두 페인트로 그렸지만 최근에는 손님이 감소하면서 일 년에 한 번 그리던 페인트 그림을 삼 년에 한 번, 심지어는 더 이상 그리지 않거나 교체가 필요 없는 타일로 바꾸는 경우가 많다.

가장 인기 있는 그림은 물론 후지산이다. 왜 후지산인가, 목욕탕의 주인이나 손님들에게 물어보면 "일본인은 역시 후지산이니까"라며 그저 좋다고 한다.

궁금한 나머지 후지산 페인트 그림에 관한 자료를 꽤나 많이 찾아보았는데, 2005년 7월 21일자 데일리 요미우리 신문에서 도쿄에서 사라져가는 명물 중 하나로 목욕탕 페인트 그림을 지목하며 그에 관한 이야기를 소개한 것이 있었다. 그에 따르면 도쿄사람들은 후지산보는 것을 좋아해서 옛날 사람들은 후지산이 보이는 언덕을 '후지미자카(후지가 보이는 언덕)'라고 부르고, 맑은 날은 그 언덕 위에서 풍경을 즐길 정도라고 한다.

후지산은 일본 제일의 산이기도 하지만 산의 모양이 한자 八처럼 끝이 벌어지는 모양이라 '스에히로가리末広がり'의 의미를 갖는다고 하는데, '차츰 끝 부분이 벌어진다'는 뜻으로 점차 번창해나간다는 좋은 의미로 여긴다. 시원한 2층 높이 천장 아래에서 시원하게 그려진 후지산과 바다를 바라보며 개운하게 목욕을 하는 즐거움에 더해 손님의 수가 '스에히로가리' 하기를 소원하는 마음도 담겨 있는 것이다.

지금은 빌딩 때문에 도쿄에서 후지산을 볼 수 있는 곳도 줄어들고 있지만, 페인트 그림도 점점 그리지 않는 데다 전문 화가도 두 명밖에 없기 때문에 후지산을 볼 수 있는 곳은 더 줄어들 것 같아 안타깝다.

더구나 페인트 그림은 일본 목욕탕만의 특징인데, 다 없어지고 전 세계에 똑같은 스타일의 사우나만 있다면 정말이지 재미가 없을 것 같다. 타일 그림도 좋지만 확실히 페인트로 그린 그림을 보면서 탕에 앉아 햇빛을 받으면 정말 시원하게 마음이 넓어지는 기분이다. 붓으로 덧칠하며 생긴 자국들을 보면서 차분해지는 과정도 마음에 든다.

십 년 전쯤, 우리 동네에는 비디오를 빌려주던 가게가 있었다. 보고 싶은 영화가 있으면 돌아가는 길마다 들려서 "그 영화, 들어왔어요?"라고 물었던 것처럼, 기다리면서 느끼는 감정 자체가 즐거움이었던 추억이 있다. 쉽게 구할 수 없어서 느낄 수 있었던 즐거움들.

요즘엔 뭐든 게 너무 쉽다. 그것이 편리하고 좋으면서도, 지친다.

다이코쿠유
하 와 이 안 서 츠 의 주 인 아 저 씨

페이스북에서, 트위터에서, 미니홈피의 일기장에서 너무 쉽게, 너무 많이 들려주는 사람들의 생각과 흘러넘치는 감정들을 보는 것만으로도 지쳐버릴 때가 있다. 실제로 만나서 듣지도 않은 것들에 나는 고민하고, 이리저리 방향을 잃어버리기도 했다. 그저 쉽게 왔다가 쉽게 가는 것들 때문에 말이다.

시간이 멈춰버린 듯한 탕 안에서, 내 스마트폰 속 실시간으로 올라오는 타임라인 위 생각들로 가득한 속도감 있는 세상과는 아무 상관이 없는 이곳에서, 내 앞에 보이는 거라곤 손으로 그린 페인트 그림과 내 몸이 움직일 때마다 잔잔히 생기는 물결뿐인 이 작은 탕 안에서, 나는 아무것도 생각하지 않으며 괴롭지도 않다.

멀리 있지 않는 행복이 내 핏속까지 따뜻하게 데우고 있다. 문자 그대로 내 몸을. 그래서 어느 하나 놓치고 싶지 않고, 누구에게도 뒤

처지고 싶지 않은 질투와 경쟁심으로 긴장한 내 맘을 아무도 몰래 내려놓고, 아주 잠깐만이라도 속도와는 상관없는 새로운 차원의 공간에 앉아 있다.

그러니까 모두들, 큰 욕조에 앉아 페인트 그림을 보며 천천히 따뜻해지는 건 어떨까?

다이코쿠유
大黒湯

주　　소 | 스기나미 구 이즈미 1-34-2 (杉並区和泉 1-34-2)

전화번호 | 03-3328-2137

영업시간 | 16:00~24:00

휴　　일 | 매주 수요일

요　　금 | 성인 450엔

가는 길

게이오 선 다이타바시 역에서 걸어서 10분.

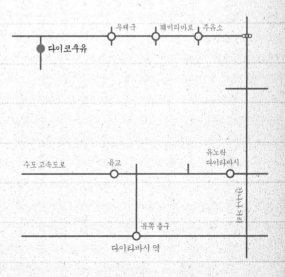

Part 2

아
다
치
구

'니코니코'라는 이름을 우리말로 하면 '싱글싱글' 정도가 되는데,

모두가 싱글벙글 할 수 있는 목욕탕이 되었으면 좋겠다는 마음에서 이름을 지었다고.

니
코
니
코
유

모두가 싱글싱글

도쿄 북쪽의 아다치 구에서는 자체적으로 『목욕탕이라면 아다치 구
錢湯といえば足立区』라는 작은 규모의 월간지를 발행하고 있었다. 쇼와
초기의 아름다운 목욕탕부터 다양한 종류의 욕조를 가진 현대 목욕
탕까지 특징 있는 목욕탕이 다양하고, 더욱이 기타센주 쪽은 한 골
목 걸러 하나씩 있을 정도로 목욕탕이 많다.

학교에서 초등학교 3학년 학생들에게 '우리 동네 목욕탕 돌기(센토
메구리)' 같은 숙제를 내줄 정도이니 다른 동네에 비해 목욕탕이 차지
하는 의미가 크다.

이런 아다치 구에서 특이한 이름의 목욕탕을 만났다. 바로 니코니
코유. 보통 주인의 이름을 따거나 장수하는 동식물의 이름을 따는데
니코니코라는 단어도 그렇거니와 간판을 카타카나로 쓴 글씨도, 파

스텔 색깔을 쓴 것도 모두 다른 목욕탕과 다르게 통통 튀는 분위기였다.

'니코니코'라는 이름을 우리말로 하면 '싱글싱글' 정도가 되는데, (그에 맞게 주인아주머니도 웃는 모습이 정말 곱고 예쁘셨다) 모두가 싱글벙글 할 수 있는 목욕탕이 되었으면 좋겠다는 마음에서 이름을 지었다고.

숙제 때문에 왔던 아이들도 왜 이름이 니코니코냐며 나와 똑같은 질문을 했었는데, 아이들 스스로 답을 내서 돌아갔다고 한다. 여기는 아이들이 와도 니코니코 웃을 수 있는 즐거운 목욕탕이니까 니코니코 목욕탕이라고 발표를 했다며, 과제를 잘 발표하고나서 고사리

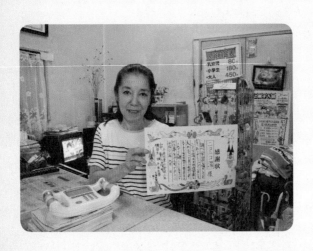

니코니코유
모두가 싱글싱글

손으로 색칠해 만들어온 감사장을 보이며 아주머니 역시 싱글싱글이었다.

1951년에 영업을 시작해 지금 2대째 하고 있는 아주머니에게 가장 힘든 일이 무엇이냐고 물으니, 청소라고 했다. 여기도 영업을 마치고 청소를 하고 나면 새벽 4시에나 잠들 수 있다는 것. 이렇게 작은 목욕탕 영업도 결코 쉬운 일이 아니다.

지금의 모든 목욕탕들이 그렇듯이, 니코니코유도 변화의 과정을 겪고 있다. 일단, 1996년에 반다이를 프런트로 바꾸었다. 건물이 옛날식인 데다 굴뚝도 있는 것을 보니 물을 옛날 방법으로 끓여 쓰는 것 같지만, 가까이에서 보면 지붕이 보이지 않을 만큼 큰 벽을 앞에 만들어두었다. 건물을 완전히 리뉴얼하지 않는 곳들은 이렇게 조금씩 부분적으로 바꿔가기 때문에 만화에 나오는 것 같이 알쏭달쏭한 모양새를 하고 있기도 한다.

다시 니코니코유에 가면 또 어떤 모양으로 변해 있을지 모르지만, 언밸런스하게 더해가는 그 무언가를 발견하는 즐거움이 있을지도 모르겠다. 여기는 니코니코, 싱글싱글 목욕탕이니까.

공중목욕탕을 지키는 주인들

대부분의 사람들에게는 공중목욕탕에 대한 추억이 있을 것이다.

어렸을 때는 뜨거운 탕이 싫어 냉탕에서 수영만 계속 하고 싶었는데, 이제는 뜨거운 탕을 찾으러 다닐 날이 오다니. 초등학생 때는 친한 친구들과 목욕탕에 가서 놀았고, 중학생 때는 예쁜 친구가 거울을 보면서 하얀색 수건으로 얼굴을 살살 닦는 것을 보고 시뻘게질 정도로 얼굴을 빡빡 밀어놓은 내가 창피했었다. 고등학생 때는 갈 시간도 그다지 없었지만, 엄마와 함께 목욕탕에 가는 것도 괜히 창피하고 누군가 아는 사람이 샴푸며 때수건이며 훤히 들여다보이는 목욕바구니를 보고 가는 것도 싫어서 종이가방에 목욕용품을 담기도 했었다.

목욕탕에 관한 추억은 개개인의 것이 각자 다른 것처럼 우리나라와 일본도 차이가 있다(모든 경우는 아니지만 대체로). 우리나라의 경우, 목욕탕은 아버지 세대에는 명절이나 중요한 행사 전에, 우리 세대는 일주일에 한 번 정도 주말에 때를 벗기러 가는 곳인 반면, 일본은 하루 일과를 마치고 마무리하러 가는 곳이다. 매일의 일상 같은 문화라 그런지 일본의 공중목욕탕은 큰 변화를 겪으면서도 자신의 역할을 꿋꿋이 하면서 살아남아왔다. 그 결과, 아직까지 수십 년 된 건물을 거의 그대로 사용하는 목욕탕도 쉽게 찾을 수 있다.

목욕탕의 프런트를 지키고 있는 것은 대부분 예순이 넘은 아저씨

아주머니다. 일본에는 워낙 고령이신 분들이 많아서 겨우 예순을 넘긴 분들이 거뜬해 보이긴 하지만, 가끔 젊은 사람이 있으면 손님 입장에서 오히려 고마운 마음도 든다. 주인아저씨, 아주머니들은 목욕탕 문을 닫고 싶진 않지만, 매일매일 몇 시간씩 청소해야 하는 힘든 이 일을 자녀들에게 물려받으라고는 못하겠다 한다. 그래서 몇 십 년간 잘 보존해온 목조 목욕탕에 큰 문제가 없어도 "아깝지만……"이라면서 어쩔 수 없이 문을 닫는 곳이 늘어가는 것이다. 그런 와중에 목욕탕을 단순히 특정 업종으로 생각하지 않고 의미 있는 일본 문화라고 생각하는 젊은 사람들이 직장을 다니다가 그만두고 가업을 잇는 경우가 종종 있다고 하니 그나마 기쁜 소식이다.

목욕탕 주인들은 어떤 목욕탕을 만들고 싶냐는 질문에 '친구들을 사귀는 곳, 대화가 이루어지는 곳'이라고 대답한다. 일본은 우리나라보다 혼자 사는 사람이 훨씬 많고 자녀가 일찍 독립해서 나가는 경우가 많기 때문에 매일 목욕탕에서 만나는 사람들과의 교제가 큰 의미가 있을 것이다. 목욕탕은 한국 드라마의 정보를 교환하는 장소가 되기도 하고 동네 주민들만의 콘서트홀이 되기도 한다.

많은 사람들이 목욕탕에서 처음으로 엄마 아빠와 이런저런 '진짜' 이야기를 하게 됐을지 모른다. 목욕 후엔 요거트로 마사지 하는 습관도, 몸에 다 바르기엔 아까워서 한입 가득 마신 후 나머지를 손에 덜어내는 순서도 목욕탕에서 배웠다.

집에서라면 하지 않았을 이야기, 목욕탕 수다. 어느 순간 엄마라기보다 친구가 된 것 같이 이야기가 통하게 된 순간까지……. 그것이 가족이든 친구든 간에 한꺼풀 벗겨낸 속이야기가 이루어지는 장소가 바로 목욕탕이다. 그런 역할을 오랫동안 해오고 있다는 것에 대한 자부심이 주인들이 밤 늦게까지 물을 퍼내고 다시 담는 이유가 아닐까.

그렇게 힘들게, 소중하게 지키는 목욕탕을 다니다보면 새것으로 바꾸지 않고 반들반들 윤이 나도록 정성껏 닦은 물건에 축적된 깊이를, 나처럼 시간이 축적되지 않은 사람조차 느낄 수 있다. 그것은 오래 쓸수록 오히려 윤이 나는 좋은 가죽 제품을 뿌듯하게 만지작거리는 기쁨이라고나 할까.

금방 또 새로 살 수 있는 것을 버리지 않고 가지고 있는 것이 오히려 낯선 나 같은 사람에게 오십 년 된 물건들을 쉽게 버리지 못하는 이 사람들이 꾸려가는 공간에 몸을 담그고 쉴 수 있다는 것은, 겨우 450엔을 내고 온천에 몸을 담그었다는 일차원적인 기쁨을 훨씬 뛰어 넘는 소중한 가치다.

니코니코유
二 그 二 그 湯

주   소 | 아다치 구 센주야나기쵸 2-10 (足立区千住柳町 2-10)

전화번호 | 03-3882-6645

영업시간 | 15:00~25:00

휴   일 | 매주 목요일

요   금 | 성인 450엔

가는 길

기타센주 역에서 걸어서 15분.

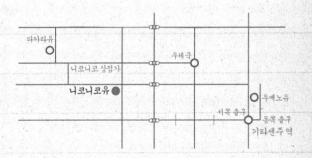

"저, 여기 왔었어요!"

당연히 나를 기억하지 못하는 주인아저씨에게 다짜고짜 혼들감이라니!

매일 오는 손님들은 비웃고도 남을 인사다.

다카라유에는 이미 몇 년 전에 와본 적이 있었다. 나의 첫 책『오후 3시의 도쿄』에서 '벗을 준비, 되었습니까'라는 소제목으로 다루었던 목욕탕이 바로 기타센주의 다카라유, 고탄노의 아케보노유, 그리고 카마타의 카마타 온천, 이렇게 세 곳이다. 일본에서 처음 만난 목욕탕이 이곳들이었던 것이 얼마나 큰 행운이었는지! 멋진 외관의 다카라유, 오사카 성의 만발한 분홍색 벚꽃 타일 그림이 있던 아케보노유, 그리고 검은색 온천물의 카마타유처럼 보물 같은 곳을 만나 이렇게 본격적으로 목욕탕에 관한 책을 쓰기에 이른 것이다. 처음 간 곳이 일반 콘크리트 건물에 있는 평범한 목욕탕이었다면 절대 이만큼의 호기심도, 호감도 갖지 못했을 것이다.

그런 다카라유에 다시 오자, 당연히 나를 기억하지 못하는 주인아저씨의 얼굴이 기억나 반가움에 호들갑을 떨었다.

"저 여기 왔었어요!"

이렇다 할 설명도 없이 다짜고짜 여기 와봤다는 손님이라니. 여기 매일 오는 손님들이 들으면 비웃고도 남을 인사다. 다카라유를 가는 길은 골목이 많아서 처음 갈 때 많이 헤맸었는데, 몇 년이 지나서 다시 온 지금, 역에서부터 그 골목골목 기억나는 것이 신기해 도착하기도 전부터 들떠 있었다. 물론 아저씨는 나를 기억 못하셨지만 내가 몇 년 전에 여기서 목욕을 하고나서 이렇게 다시 목욕탕 여행을 왔다는 말에, 손님을 맞이하느라 바쁜데도 흔쾌히 이런저런 이야기를 시작했다.

다카라유는 다른 곳에 비해 정원이 유명하다. 목욕탕에 정원이 있다니, 높은 기와지붕만큼 고풍스럽다. 정원은 70년 전 목욕탕이 만들어졌을 때 그대로. 목욕탕 건물도 내부 시설만 리뉴얼하고 외관은 그대로 보손하고 있다. 로비에 있는 정원은 남탕으로 연결이 되는데 남탕은 정원 쪽이 전면 유리벽이라 안에서 연못의 비단 잉어를 볼 수 있다고 한다. 하지만 이미 영업을 시작한 후라 차마 남탕으로 들어갈 수 없어 로비의 정원으로 갔다.

정원에는 목욕을 마친 아저씨 한 분이 앉아 있었다. 바둑을 두는 것도, 만화를 보는 것도 아니고 담 너머 바깥을 지그시 응시하고 있었다. 머리가 젖어 있는 것을 보니 방금 목욕을 마치고 나오셨나보다.

아직도 탕에 있는 부인을 기다리는 것일 수도 있겠지만 목욕 후 개운한 기분을 혼자서 만끽하고 있는 듯 보였다. 처마에는 바람이 불면 맑은 종소리가 나는 장식이 걸려 있어서 더욱 운치가 있었다. 주인아저씨께 사진을 찍어도 된다는 허락을 받아놓긴 했지만 목욕 후에만 느낄 수 있는 그 기분을 방해하고 싶지 않아 로비에 앉아 그분이 밖으로 나올 때까지 기다렸다.

한편 나에게 남탕의 정원을 보여주고 싶어 계속 안을 살피며 들락날락 하시던 주인아저씨는 지금 남탕에 사람이 없으니까 얼른 보고 사진도 찍으라며 나를 서둘러 불렀다.

엄청나게 커다란 잉어들이 헤엄치는 정원은 확실히 다른 목욕탕에 비해 운치가 있었다. 아저씨가 프런트로 돌아가고난 뒤 나는 정원을 구경하면서 사진을 찍으려고 한쪽 눈을 감아 초점을 맞추던 와중에 이상한 기척을 느꼈다. 어떤 아저씨가 정원에 사람이 있으니까 뭔가 하고 유리창 쪽으로 걸어 온 것이다. 나는 기겁을 하고 한걸음에 다시 왔던 길로 줄행랑을 쳤다. 그 아저씨는 이상한 여자가 카메라를 들고 몰래 남탕을 찍고 있는 줄 알았을 것이다. 그리고 확실히 말해두지만 나는 어떤 기술인지 몰라도 정말로 아저씨의 얼굴만 봤다.

가슴을 쓸어내리며 로비로 돌아와 아무 일 없었다는 듯 주인아저씨와 이야기를 이어갔다. 그러다 손님이 오면 아저씨는 손님을 받고, 나는 부채로 바람을 젓기도 하며 뒷짐을 지고서는 로비를 어슬렁거리기도 했다. 한쪽 벽에 걸린 테누구이てぬぐい의 설명을 읽고 검정색

으로 한 장을 사기도 하였다. 테누구이란 일본 전통기법으로 염색한 무명수건으로 벽에 걸어 장식하거나(다카라유에서는 액자에 넣어 벽에 장식하고 있다), 머리에 두르거나, 보자기 등 여러 가지 용도로 사용한다. 나는 걸어놓기보다는 두 번 접어 머리에 둘러쓰려고 샀다.

　깨끗이 문질러 닦은 바둑판과 장기판, 잉어가 헤엄치는 연못, 맑은 종소리가 나는 장식이 흔들리고 더운 날씨에 땀이 난 몸을 깨끗이 닦고 병에 든 흰 우유를 마시는 동안…… 다카라유에서는 아무에게도 방해 받고 싶지 않을 시간이 만들어질 것이다.

다카라유 전경
밖으로 나와서 지붕의 사진을 찍고 있으려니까
목욕을 마치고 나온 한 아저씨가 "멋지죠?"라고 묻는다.
대부분 사진을 찍고 있으면 약간은 경계하는 눈빛인데
여기는 자랑스러워 하는 분위기다.

01:**손님이 그린 다카라유** 빨간색 자판기마저 섬세히 표현한 손님의 그림 선물. 내가 보아도 뿌듯한 이 선물에 주인아저씨는 얼마나 좋으셨을까. 다카라유에는 이런 소소한 선물이 곳곳에 놓여 있다. 02·03:**센주의 창고를 그린 테누구이** 벽에 걸려 있는 테누구이를 자세히 보니 센주(千住|목욕탕이 있는 동네 이름)에 있는 쿠라(蔵|일본 전통의 저장창고)들과 그 사이를 어슬렁거리는 고양이가 그려져 있다. 센주에서만 구입할 수 있다는 말에 한 번, 술 취한 듯한 고양이 그림에 또 한 번 반해 결국 구입하고 말았다.

다카라유
タカラ湯

주 소 | 아다치 구 센주모토쵸 27-1 (足立区千住元町 27-1)

전화번호 | 03-3881-2660

영업시간 | 15:00~24:00

휴 일 | 매주 금요일

요 금 | 성인 450엔 | 초등학생 180엔

가는 길

치요다 선 또는 히비야 선 기타센주 역에서 걸어서 20분.

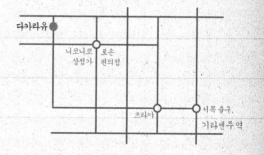

"우리는, 물이 좋아. 좋은 물은 오랫동안 몸을 따뜻하게 해줘."

우메노유

좋은 물은 오랫동안 몸을 데운다

"우메노유만의 특징은 뭔가요?"

"우리는 물이 좋아."

"물이 좋다니, 온천물인가요?"

"아니, 온천물은 아니지만 백 퍼센트 천연 지하수를 끓여서 사용해. 물이 좋으면 목욕을 마치고 집에 돌아갈 때까지 몸이 식지 않고 따뜻하지. 그러면 따뜻하게 잘 수 있으니까. 좋은 물은 오랫동안 몸을 따뜻하게 해주거든."

다다미에서 생활하는 일본사람들에게 좋은 물은 좋은 온돌방과 같다. '씻는다'와 '데운다'의 차이는 알고 있었는데. 목욕이라는 하나의 주제에 꼬리를 물고 등장하는 이야기들이 점점 재미있어졌다.

주인아주머니께서는 혼자 한번 더 중얼거렸다.

"역시 물이 좋아야 (사람들이 오는 거지)······."

그것은 불변의 진리다. 음식이 맛있으면 자꾸 먹으러 가고, 물이 좋으면 자꾸 데우러 가는 것이다. 그러면 여기는 걱정하지 않아도 되겠다고 안심이 된다.

우메노유에서는 처음 듣는 목욕탕 매너가 있었다. 목욕탕에 들어가면 보통 탕이 두 개 있는데 우리나라 같은 경우 미지근한 물과 아주 뜨거운 물을 받아두어서 둘의 온도 차이가 크게 나지만 여기는 크게 차이가 나지 않는다. 두 탕 중 오른쪽이 비교적 온도가 낮은데, 이 오른쪽 탕에서 먼저 몸을 데운 후 왼쪽에 있는 탕으로 들어가는 것이었다. 샤워를 한 차가운 몸으로 높은 온도의 탕에 먼저 들어가면 물의 온도를 떨어뜨릴 수 있기 때문이다. 다른 목욕탕에서 물어보니 꼭 그렇지는 않다고 하는데, 우메노유의 주인아주머니가 좀 더 '온도'에 대해 세심한 것 같다.

우메노유
좋은 물은 오랫동안 몸을 데운다

사실 이 설명을 들으면서 속으로는 '에이, 사람 몸이 물을 식혀봐야 얼마나 식힌다고, 좀 식은 것 같으면 뜨거운 물을 새로 틀면 되지'라는 생각이 들었다. 가끔 한국의 목욕탕에서는 뜨거운 물을 확 틀어서 신 나게 바깥으로 식은 물을 밀어내며 탕을 덥히다가 순간, '어? 너무 뜨겁네!' 하며 다시 차가운 물을 확 틀어 식히기를 반복하는 아주머니들을 볼 수 있다. 물론 둥둥 뜬 때들을 욕조 바깥으로 밀어내는 순기능이 있기는 하지만, 물을 식히지 않기 위해서 탕에 들어가는 순서를 생각할 정도로 절약을 하려는 이곳의 습관과 남의 물을 쓰니까 괜찮을 거라는 식의 우리의 습관이 상반되게 떠올라 조금 씁쓸해졌다.

아주머니는 절약에 관한 이야기를 하면서 조심스럽게 한국 손님들에 대해 언급했다.

가끔 한국 손님들이 오면 머리를 감는 동안 샤워기를 계속 틀어놓

는 사람이 많다는 것이다. 앗, 내 습관인데! 이 자리에서 걸린 것도 아닌데 몹시 부끄러워졌다. 추위를 싫어하는 나는 샴푸로 머리를 감는 동안에도 몸이 식을까봐 샤워기를 틀어놓고 따뜻한 증기로 몸을 데우는 습관이 있다. 목욕탕 안은 따뜻하니까 잠가도 괜찮다는 생각은 하지만, 정말 잘 고쳐지지 않는 이 습관을 어쩌지.

우메노유는 몇 년 전 NHK방송의 '작은 여행小さな旅'이라는 프로그램에 소개되었다고 한다. '마을의 목욕탕町の湯'이라는 주제로 방송된 이 내용에서는 목욕탕 수가 점점 감소하고 있음에도 여전히 시타마치(에도시대의 상가 지역으로 아직 그 정서가 남아 있는 마을을 가리킨다)의 정취를 이어가고 있는 목욕탕과, 목욕탕을 둘러싼 사람들의 이야기를 소개했다. 내가 주로 목욕탕을 찾아오는 손님에 대해 물었던 것에 반해 이 방송에서는 꽤 다양한 주제를 다루었다. 목욕탕의 주인뿐 아니라, 다카라유에 33년간 다니고 있는 초밥 요리사, 다카라유의 그림을 그렸던 일러스트레이터, 『목욕탕이라면 아다치 구』라는 잡지를 만드는 사람들, 그리고 아다치 구의 가을축제까지 말이다. 인터뷰한 사람들의 스펙트럼은 달랐지만 그 프로그램 역시 하나의 목욕탕이 몇 대에 걸쳐 내려오면서 그 마을에서 어떤 의미를 갖는지에 중점을 두고 있었다.

우메노유도 쇼와 30년(1955년) 10월에 개업했으니까 약 57년 정도 되었다. 나는 2대째의 우메자와 게이코 씨(74)와 3대째의 우메자와

미키오 씨(49) 두 분 모두와 이야기를 나누었다. 3대째의 아주머니와 이야기하다가 점점 옛날로 거슬러 올라가 결국 시어머니를 부르지 않을 수 없었던 것이다.

천장으로 들어오는 햇빛 덕에 화사해진 페인트 그림을 보면서 물었다.

"페인트 그림을 그리는 건 돈이 많이 든다고 들었어요. 그래도 이렇게 계속 그려두는 이유가 뭔가요?

"……즐거우니까!"

즐거움楽しさ. 내가 좋아하는 단어다. 좋아하는 단어가 나오자 기분이 좋아졌다.

'맞아요, 돈이 들죠. 돈을 버는 것도 중요하지만, 내가 원하는 대로 꾸려가는 것도 중요해요. 어떤 것들은 돈이 나가도 전혀 아깝지 않기도 하죠.'

나는 미소를 지으며 마음속으로 맞장구를 쳤다. 타일 그림이 나쁜 것은 아니지만, 계속 바꿔야 하고 돈이 들어도 지키고 싶은 것은 있게 마련이다.

어디에나 사라져가는 것들에 대한 아쉬움이 있다. 그중에서도 좋아했던 어떤 특정한 풍경에 대한 아쉬움. 골목에 나오면 함께 놀 친구들이 있었던 풍경, 비가 오는 날이면 담장 위로 기어가는 달팽이를 만날 수 있었던 그런 풍경. 이곳에서도 사라지는 풍경에 대한 아쉬움이 있다고 한다. 주택지 사이로 높은 굴뚝이 솟아 있어 멀리서도 한

눈에 "아, 저기 목욕탕!" 하던 것들이 이제는 좀처럼 보이지 않는 아쉬움 말이다.

아다치 구에는 특히나 복고풍 목욕탕이 많이 있지만 언제까지 남아줄까? 역에서 이렇게 가까운 거리에 아무렇지도 않게 이런 목욕탕이 버티고 있는 것도 놀랍다. 역 주변의 땅값이 비싸지는 만큼 이런 전통 목욕탕이 자기의 힘으로 여기 계속 살아남아 있을 수 있을까?

"힘내라! 목욕탕!"이라고 말해주고 싶다.

우메노유
좋은 물은 오랫동안 몸을 데운다

우메노유
梅 の 湯

주　　　소 | 아다치 구 센주 5-5-10 (足立区千住 5-5-10)

전화번호 | 03-3888-3356

영업시간 | 16:00~23:00

휴　　　일 | 정해져 있지 않음

요　　　금 | 성인 450엔 | 초등학생 180엔

가는 길

치요다 선 또는 히비야 전 기타센주 역에서 걸어서 3분.

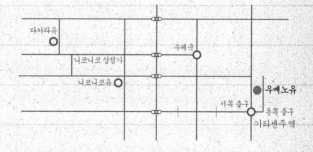

그 추운 겨울, 벽면 가득 그려져 있는 벚꽃을 찍고 싶어서

나는 맨몸으로 몇 번이나 로커에 사진기를 가지러 들락날락했는지 모른다.

결국 로커에서 꺼내보지도 못한 내 카메라.

아케보노유 ^{당신이 도쿄에서 처음 해보는 것}

처음 찾아간 날이 하필 쉬는 날이었다. 추운 겨울 다시 아케보노유를 찾았을 때, 춥고 비 오는 바깥 날씨와는 조금도 상관없다는 듯이 목욕탕 안에는 분홍색 벚꽃이 만발해 있었다. 벗은 몸인데도 불구하고 나는 그것을 바라보면서 한참을 서 있었다. 아직 탕 속에 들어가지도 않았는데 마음은 전부 분홍색 꽃이 피는 봄이었다. 일본사람들은 후지산을 바라보면서 목욕을 하면 시원한 기분을 느낀다는데, 정말 그럴까 의심했던 목욕탕 그림의 위력을 맨몸으로 느끼는 순간이었다. 대부분 후지산과 푸른색의 바다를 그려서 시원시원하고 청명한 분위기를 낸다면 여기는 오사카의 히메지 성 주위로 핀 벚꽃 덕분에 시원하기보다는 아늑하고 사랑스러운 느낌이다.

　세 번째로 온 오늘은 이것저것 물어보았다.

"도쿄에 있는 목욕탕에 왜 히메지 성(오사카에 있는 성) 그려놓으셨어요?"

"아버지께서 저 히메지 성을 좋아하셔요. 그래서 타일 그림을 만들 때 히메지 성 사진을 주었는데 사실 잘 보면 히메지 성이랑 좀 달라요. 허허허."

아버지가 좋아하는 장소가 찍힌 사진을 가져다주고 만든 타일 그림. 나 역시 이곳의 활짝 핀 벚꽃 타일의 사진을 보고 달려와서는, 목욕을 하는 동안 몇 번이나 사진을 찍고 싶었는지 모른다. 손님이라고는 두 명 정도밖에 없었지만, 소심하기 짝이 없는 나는 마음이 콩닥거려서 카메라를 가지러 로커에 갔다가 포기하고 돌아오기를 몇 번이나 했었다. 결국은 마음에만 담아두고 왔었는데 이렇게 다시 와서 아저씨랑 대화하는 지금이 너무 신기할 뿐이다. 그때 돌아가는 길에 사람도 없는데 찍을걸 하고 얼마나 중얼거렸는지……

사람은 꿈꾸는 대로, 아주 사소한 것이라도 간절히 원하면 언젠가는 비슷하게나마 기회가 생긴다는 사실을 믿는다. 그리고 벌써 몇 번이나 그리 길지 않은 시간에 내가 간절히 원했던 것들이 내가 다가와주었다. 아마 내가 너무 작은 것을 바라서일 수도 있겠지만.

그러니까 마음속에 담아두는 것이 중요하다. 내가 그리워하던 것들이 마음속에 활짝 피어 있으면 내 생각은 그쪽으로 향해가고, 언젠가는 몸도 그쪽을 향해 가고 있을 것이다.

그리고 우리는 결국 만나게 되는 것이다.

아케보노유
당신이 도쿄에서 처음 해보는 것

아저씨는 1936년부터 목욕탕을 운영해온 집안에서 3대째 하고 있다. 1996년 반다이는 프런트로 바꾸었지만 건물을 빌딩으로 바꾸고 싶지는 않다고 했다. 물도 지하 130m에서 길어 올린 우물물을 장작으로 끓여서 이용하는 옛날식 방법을 사용하고 있다.

아주 오래된 안마기를 보면서 움직이긴 하는 거냐고 웃으며 물으니 직접 해보라며 20엔을 넣어주었다. 테니스공 같은 것이 톡톡톡 안마해주듯이 두드리기 시작했다.

"옆에 달린 이 바퀴는 뭐예요?"

"이 안마기는 수동으로 조절해요. 위아래로 움직이고 싶으면 이 바퀴를 돌려요."

몸을 옆으로 조금 기울이고 한 손으로 도르레를 말듯이 휠을 돌려서 위치를 조절하는 동시에, 등 안마를 받으려고 애쓰는 모습이 어색하기 짝이 없는지 아저씨가 크게 웃었지만 나는 꿋꿋하게 3분을 다 채우고서야 일어났다. 3분에 20엔이라 저렴하기도 하지만 이 안마기가 시원하다고 30분을 사용하는 사람도 있다고 한다.

이렇게 불편하고 번잡스러워도 편리하지 않은 방법으로 했을 때 효과가 있는 것들이 있는데(때는 때수건으로 직접 밀어야 시원한 것처럼) 이 안마기도 그런 정취를 그리워하는 사람들이 이용하고 있는 듯하다. 아케보노유에는 그런 정취를 담고 있는 인기품목이 하나 더 있는데, 바로 병콜라 자판기. 자판기에서 병음료가 나오니 떨어질 때 깨지지 않을까 걱정스러웠다. 옆에 달린 병따개에서 직접 해보라고

시범까지 두 개나 따버리는 바람에 아저씨랑 사이좋게 나눠 마셨다. 이걸 마시러 일주일에 한 번씩 오는 사람도 있다니 놀라울 뿐이다. 목욕이 아니라, 이 병콜라를 마시러. 도쿄에는 880여 개의 목욕탕이 있지만 이렇게 병콜라 자판기가 있는 곳은 다섯 군데 정도밖에 안 된다고 한다.

이곳에서는 100엔이면, 도쿄에 와서 처음 해보는 것들을 즐겁게 해볼 수 있을 것이다.

병콜라 자판기가 있는 목욕탕은 도쿄에서도 다섯 군데 정도.
이 병콜라를 마시려고 목욕탕에 오는 사람도 있다.

20엔을 넣고 직접 앉아본 안마 의자
옆에 있는 바퀴를 수동으로 돌리면
위아래로 움직여서 등을 두드려준다.

아케보노유
曙 湯

주　　소 | 아다치 구 아다치 4-22-3 (足立区足立 4-22-3)

전화번호 | 03-3886-0706

영업시간 | 14:45~24:00

휴　　일 | 매주 목요일

요　　금 | 성인 450엔 | 초등학생 180엔

가는 길

토부 이세자키 선 고탄도 역에서 걸어서 7분.

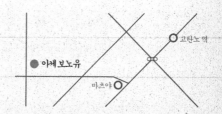

Part 3

시
나
가
와
구

"시미즈 온천과 도고시긴자 온천 사이에 사는 사람은

일본에서 가장 행복한 사람이다. 어느 목욕탕으로 가야할 망설이지 않을 수 없다."

인터뷰 약속 시간이 되어 개장시간보다 한 시간 일찍 도착했다. 문 앞 벤치에 앉아서 뜨개질을 하는 아주머니가 있길래 "저어, 11시에 약속했는데요"라고 말을 걸자 "그래요, 그럼 들어가요"라고 미닫이문을 열어주었다. 안에서 10분 정도 기다리던 나는 아까 그 아주머니에게 돌아가 "저 약속 드렸는데요"라고 들어와서 이야기 나눴으면 하는 바람을 나타냈다. 그러자 아주머니 왈 "나, 여기 손님인데."

문을 열지도 않은 곳에 와서 한 시간 전부터 기다리고 있는 것이었다. 거기다 자기가 주인인 양 문도 열어주고, 스스럼이 없다. 2층까지 있는 목욕탕을 구경하고 오자, 이미 현관에는 그 사이에 줄을 선 사람들로 북적북적했다. 한마디 말을 걸어보려 해도 계속 사람이 들어오니 폐가 되는 것 같아서 일단 질문을 멈추고 들어오는 사람들을 구경하기로 했다.

사람들은 정각이 되자 줄을 서서 빠른 걸음으로 목욕탕 안으로 들어갔다. 정말 인기가 많은가보다. 이제 막 문을 열었는데 말이다. 하지만 아주머니는 항상 있는 일처럼 대수롭지 않게 인사를 하며 오히려 들이닥치는 손님에 정신이 없어 앉아 있던 나에게 먼저 말을 걸어주었다.

무사시코야마 온천은 2008년 5월에 리뉴얼을 해서 현대식 건물이 되었지만 정원이라든지 대나무 장식이 있는 입구라든지, 기분 좋은 일본 온천 느낌을 내려고 노력하였다. 대나무 같은 것도 조금 조잡하긴 하지만 확실히 도시에서 온천으로 구분 지어 들어가는 느낌을 준다. 2층 높이의 건물이 탁 트여서 펜션에 온 것 같은 기분이 들기도 한다.

여기는 450엔을 받는 공중목욕탕이지만, 사용하는 물은 온천물이다. 수질이 다른 두 원천을 가지고 있는데, 실내 목욕탕에서 사용하는 깃은 헤세이 6년(1994년)에 용출한 황토색의 '황금의 불'이라는 원천을 사용한다. 이 원천은 리뉴얼을 계기로 발굴한 황토색 염화물 온천으로 지하 1,500m에서 끌어올리고 있다. 황금이라는 이름처럼 물의 색깔은 황토색이다. 쿠로유가 염소 순환소독식이라면 황금유는 원천에서 계속 새로운 물을 흘러내리는 카케나가시かけ流し 형태다. 한 가지만 있어도 목욕탕으로는 충분할 텐데 이렇게 두 가지 종류의 온천이라니, 문을 열자마자 줄을 서서 들어오던 이유를 충분히 알겠다.

노천탕이 있는 공간은 높은 담으로 둘러싸여 있지만 욕조 위로 지붕이 없기 때문에 자연광을 받을 수 있어 야외에 있는 기분이 든다. 더구나 목욕탕답지 않게 일광욕을 위한 벤치까지 있어서 하늘을 보고 누울 수도 있다. 따뜻하게 데운 몸을 그대로 누여 햇빛에 말리는 것도 꽤 좋을 것 같다. 카메라 렌즈 안으로 햇살이 계속 비추며 사진 찍으려는 나를 방해하는 듯하지만 왠지 조금도 성가시지 않았다.

거실에는 나무로 만든 목욕 바구니 안에 달걀과 소시지가 담겨 있었다. 아주머니께 한국에서도 삶은 달걀을 판다고 했더니 이건 온센 타마고(온천물로 익힌 반숙달걀)라며 한번 먹어보라고 네 개를 봉지에 싸주셨다. 그 옆에는 소시지 같은 간식을 나무로 만든 목욕 바구니에 가득 담아놓으니, 정말 목욕탕 간식 같은 느낌.

아사히 맥주를 캔이 아닌 생맥주로 마실 수 있어서 다른 음료들보다 인기가 있다고 한다. 라무네도 100엔으로 다른 곳보다 싸고 온센

타마고는 한 개에 50엔으로 먹을 수 있다.

시나가와 경제신문과의 인터뷰에서 주인 카와고에 씨는 "폐업이 많은 목욕탕 업계지만, 우리는 손님이 매일 손님이 약 300명쯤 온다"고 하니 요즘 목욕탕으로는 굉장한 숫자다. 사실 각 가정에 욕조가 생기면서 시미즈유 또한 손님의 수가 급격히 줄어들었고, 2대째의 아들에게 아버지가 "적자다. 이제 우리도 그만두자"라고 한 적이 있었다고 한다. 그때 이 아들이 말하기를 "아버지가 세운 목욕탕을 어떻게 부숩니까?"라며 새로 온천을 팠다고 한다.

시미즈 온천의 경우 온천을 새로 팔 생각도을 한 것도, 다행이 원천이 있었던 것도, 리뉴얼해서 다시 일어서볼 여력이 되었던 것도 다행이지만 공중목욕탕 중 대다수는 지금 줄어든 손님으로 인해서 영업이 어려운 실정이다.

이번 여행을 하면서 목욕탕 전화번호부를 보고 전화를 걸면, "두 달 전에 폐업했습니다"라든지, "더 이상 영업하지 않습니다"라는 말을 수회기 너머 종종 듣기도 했는데, 요즘이 한창 그 폐업하는 수가 빠르게 증가하고 있는 시점이라는 것을 직접 느낄 수 있었다.

어떤 곳은 영업이 힘들어져도 전통적인 센토의 모습을 유지하려고 하기도 하고, 어떤 곳은 이렇게 시설만 리뉴얼하고 가격은 그대로 450엔을 받고, 어떤 곳은 아예 슈퍼센토로 전환하기도 한다.

처음엔 여기는 이런 것이 있네, 저기는 이런 모습이네, 라며 목욕탕의 개성과 특징만 보고 있다가 이렇게 큰 흐름 속을 헤집고 다니다보니, 목욕탕들이 가지고 있던 특징들은 단순한 특징이 아니라 그들이 결심하고 '선택'한 결과의 형태라는 것을 느꼈다. 실제 그들이 인지하고 있든 아니든 말이다.

이렇게 시설이 좋은 곳은 확실히 젊은 사람들이 많이 오고 시장을 활성화하는 데도 도움을 주고 있다. 그리고 이런 멋쟁이 목욕탕들은 일본에 손님이 왔을 때 부담 없이 데리고 갈 수 있는, "와! 좋다!"라는 평을 들을 수 있는 곳임에는 틀림이 없다. 더구나 어느 블로거는 "시미즈 온천과 도고시긴자 온천 사이에 살고 있는 사람은 일본에서 가장 행복한 사람이다. 어느 목욕탕에 갈까, 망설이지 아니할 수 없다"라고 할 정도니, 이 신식 멋쟁이 목욕탕들의 인기가 얼마나 높은지 알 수 있다.

나 또한 이런 훌륭한 시설이 있는 곳에 눈이 번쩍 뜨이기도 하지만, 아직은 옛날식 목욕탕에 더 정이 간다. 이렇다 소개할 시설도 없는데 말이다. 힘들어도 옛날 목욕탕이 계속 남아주었으면 하는 바람은 너무 순진하고 이상적인 생각일까? 이런 목욕탕도 있고 저런 목욕탕도 있는, 다 똑같은 디자인의 새 옷으로 갈아입지 않는 주인들이 더 많았으면 좋겠다.

다행히 꽤 많은 주인들이 그 가치를 인정해주는 사람들이 있다는 것을 기억하고, 자랑스러워 한다. 어떤 스타일의 목욕탕에 가서 벗을 준비가 되었든지, 두 가지 모두 즐길 수 있는 마음이기를.

주인아저씨들도 그것이면 충분할 것이다.

　주말 이용 팁. 아무래도 시설이 좋은 만큼 주말 저녁에는 사람들이 굉장히 붐빈다고 하니, 일요일 아침이나 평일 개장시간에 맞춰 가는 것이 깨끗하고 조용하게 시설을 즐길 수 있을 것이다. 너무 당연한 소리? 이것은 우리나라 목욕탕의 이용 원리와 일맥상통한다. 평일 아침 일찍이 가야 땟물에서 목욕하는 것을 피할 수 있는 것은 당연한 것. 이것은 어디서나 통하는 진리다.

　사용 후기를 둘러보니 혼잡할 때 가서 오히려 제대로 목욕을 하지 못해 점수를 주지 않는 사람들도 있었다. 어떤 사람은 사람이 많이 씻어 땟물이 된 탕의 상태를 '고구마를 씻은 상태가 된다'고 표현한 걸 보고 웃었던 기억이 난다.

무 사 시 코 야 마 온 천 시 미 즈 유
武 蔵 小 山 温 泉 清 水 湯

주　소 | 시나가와 구 코야마 3-9-1 (品川区小山 3-9-1)

전화번호 | 03-3781-0575

영업시간 | 12:00~24:00 | 주말 및 공휴일 08:00~24:00

휴　일 | 매주 월요일

요　금 | 성인 450엔

　　　　사우나 별도 400엔, 암반욕 1,300엔(여성 전용, 목욕비 포함)

가는 길

야마노테 선 메구로 역에서 도큐메구로 선 무사시코야마 역에서 걸어서 5분.

"저 미끌미끌한 검은 물을 보면 이상한 믿음이 가."

"응, 정말 그래. 나는 좋은 물이라고 믿음직스럽게 말하고 있는 것 같아."

도고시긴자 온천

시미즈 온천의 아주머니와 인터뷰를 마친 후 물었다.

"이 근처에 또 가볼 만한 목욕탕이 있나요?"

"응 긴자에 있지. 도고시긴자 온천에 가봐요. 여기서 걸어갈 수 있을 거예요."

긴자? 시나가와 근처의 시미즈에서 긴자까지 걸어갈 수 있을 리 만무하다. 긴자가 가깝다니, 이상하다. 아무래도 무리인 것 같아 고개를 갸웃거리자 아주머니는 내 생각을 눈치채고는,

"그 긴자 말고, 도고시긴자!"라고 웃으셨다.

"가다보면 도고시긴자라는 상점가가 나와요. 도고시 역까지 여기서 그냥 쭈욱 가면 되니까 찾기 어렵지 않을 거야."

나중에 알고보니 일본에는 우리가 잘 아는 명품거리의 긴자만 있

는 것이 아니라, 그 마을의 중심가를 의미하는 말로 '긴자'를 오랜 세월 사용하고 있었다. 은행, 목욕탕, 야채가게, 파친코 등이 모여 있는 쇼텐가이를 긴자라고 부르는 것. 그래서 도고시긴자라 하면 도고시 마을의 '긴자(중심가)'가 된다.

'도고시긴자'라고 쓰여 있는 시장을 한참 따라가다 만난 도고시긴자 온천은 정말 세련된 목욕탕이었다. 개업한 지 40년이 되어가는 도고시긴자 온천은 온천물을 사용하기 때문에 이름에 온천을 넣었다. 원래는 나카노유中の湯라는 이름의 목욕탕이었는데 3년 전에 리뉴얼하면서 온천을 파고 도고시긴자 온천이 되었다.

주인아저씨가 목욕탕을 새로 바꾸면서 단순히 시설만 바꾼 것이 아니라 모든 것을 현대적으로 만들기 위해 꽤 고민한 흔적을 곳곳에서 볼 수 있었다. 가장 흥미로운 것은 남탕과 여탕을 태양의 탕陽の湯, 달의 탕月の湯 두 가지 테마로 만들어 매일 남녀가 돌아가면서 사용하도록 만든 것이다. 유노락 다이타바시처럼 '히가와리' 시스템의 목욕탕인데, 여기는 단순히 탕의 종류나 시설의 차이만 있는 것이 아니라 테마 자체를 다르게 해서 좀 더 재미있는 히가와리를 경험할 수 있다.

먼저 달의 탕에 들어가보니 큰 욕조에 가득 채워진 쿠로유(검은색을 띄는 온천)가 반가웠다. 하지만 다음에 구경한 태양의 탕은 욕조의 물이 쿠로유가 아니었다. 이런! 급히 아저씨께 물었다.

"아저씨, 저는 쿠로유가 좋은데, 태양의 탕이 여탕인 날 제가 오면 쿠로유에는 담그지 못하겠네요."

"하하, 별 걱정을 다! 달의 탕은 욕조에, 태양의 탕은 노천탕에 쿠로유를 담아놓았어요. 어떤 날에 와도 쿠로유를 즐길 수 있답니다."

태양의 탕과 달의 탕의 페인트 그림 또한 굉장히 인상 깊었다. 아저씨는 새로운 시설로 바꾸면서도 전통의 부분은 남기고 목욕탕 페인트 그림을 계승하기 위해, 지금은 몇 안 되는 전통 페인트 화가인 나카지마 씨에게 그림을 의뢰하여, 벽화의 절반에는 전통적 스타일의 후지산 페인트 그림을 그렸다. 그리고 나머지 절반은 현대미술 작가에게 의뢰하여 좀 더 강렬하고 신비로운 스타일의 후지산을 그려 넣었다.

이것은 도고시긴자 목욕탕의 테마인 그리움과 새로움을 동시에 눈에 보이는 형태로 표현한 것이다. 그리고 여느 목욕탕처럼 남탕과 여탕을 가르는 벽이 천장까지 닿지 않아서 서로의 탕에서 두 가지 그

림을 다 볼 수 있다.

도고시긴자는 누군가 함께 오기 참 좋은 곳이다. 나만큼 아주 자잘한 것에 관심이 없는 사람이라면 반다이도, 작은 노란 바가지도, 오래된 나무 천장에도 관심이 가지 않을 수 있지만 이렇게 세련되고 훌륭한 시설에서 450엔으로 온천물에 담그며 '일본 목욕탕 체험'이라는 특별한 경험은 환영할 테니 말이다.

말이 나온 김에 나는 바로 그 주말, 일본에 살고 있는 친구를 데리고 도고시긴자로 갔다. 이번에는 그야말로 사진기 없이 그저 손님으로 말이다. 입구의 자동판매기에서 입장권을 구입하고 주인아저씨를 놀래켜줄 셈이었는데 안타깝게도 그날은 다른 아주머니가 나오셔서 조금 아쉬운 마음으로 탈의실로 향했다.

우리가 간 날은 달의 탕이 여탕이 되는 날. 우리는 달빛처럼 매끄러워져 나올 것이다. 함께 온 친구는 머리카락이 얇고 잘 엉켜서 린스를 아주 중요하게 여기는데, 한참을 쿠로유에 몸을 담그더니 나만큼이나 쿠로유에 빠져서는 바가지에 물을 한가득 받아 머리카락마저 담갔다.

"저 미끌미끌한 검은 물을 보면 이상한 믿음이 가."

"응, 정말 그래. 나는 좋은 물이라고 믿음직스럽게 말하고 있는 것 같아. 우리 잔뜩 미끌미끌해지자구."

한참을 탕에 몸을 담그고 이제 저기 노천탕에 갔다가 씻고 나가자고 했지만 노천에서 몸을 담그고난 후에는 검은 물에 한 번 더 담그고 가자, 그리고 머리를 감은 후에도 한 번 더 담그고 가자 하면서 쉽게 탕을 나올 수가 없었다. 기어이 바가지에 또 물을 담아 다시 한 번 머리카락까지 담그면서 그야말로 뽕을 뽑고나서야 더운 기운에 지쳐 생수 한 통을 벌컥벌컥 마시고 기어 나올 지경으로 쿠로유를 즐겼다.

빗 없이도 머리가 잘 빗겨진다며 신기해하는 친구와 목욕을 마치고 에비스로 이동했다. 그날 이 친구가 한턱 단단히 쏜 것은 분명 쿠로유 덕분이리라.

시나가와 구의 목욕탕 캐릭터는 헬로 키티!

손수건에는 핫피(일본의 전통 의상으로 상호를 등이나 옷깃에 염색한 겉옷. 지금은 여관이나 음식점에서 작업복 또는 마츠리 때에 많이 입는다)를 입고 반다이에 앉아 있는 주인, 목욕을 마치고 노렝을 걷고 나오는 손님, 목욕 후 반드시 마시는 병우유, 아날로그 체중계까지. 울랄라! 내가 센토에 관해 다루고 있는 모든 아이템들을 한 장에 다 그려놓았다. 오늘의 기념품으로 바로 구입!

여름의 현상소, 도고시 포토 캐논

목욕탕에서 나온 길에 마츠리를 보게 된다거나, 얼마든지 지갑을 열게 하는 간식거리를 만나는 일은 언제든 환영이다. 도고시긴자에서는 목욕을 하고나서도 남아나는 체력으로 구경이라도 하고 싶다는 마음에 시장 길을 기웃거리다 만난 현상소가 있었다. 사진을 현상해주는 곳이지만 한쪽 선반에는 팬시 카메라도 팔고, 현상한 사진들에 주제를 붙여 전시를 하기도 한다. 마침 그때는 '여름'이라는 주제로 여러 종류의 다른 카메라로 찍은 사진들(이 내는 느낌)을 전시하고 있었다. 사람들은 마음에 드는 사진에 투표를 하기도 하고 메모지에 코멘트를 달아 붙일 수도 있다. 아기들 사진에는 "가와이(귀여워)!"라고 소리 내서 웃기도 하고.

빛이 스며들었는지 바랜 것처럼 보이는 사진 한 장이 맘에 든다. 필름으로 찍은 사진들은 왜 자동 카메라로 찍은 것과 다른 것일까.

나처럼 사진을 잘 찍을 줄도, 잘 알지도 못하는 사람은 디지털 카메라를 배우는 것만으로도 벅찬데, 자꾸만 보고 있자니 필름 카메라를 갖고 싶다는 생각이 들었다. 가만, 10년 전만 해도 필름 카메라를 사용했었잖아. 한 번도 필름 카메라는 가져본 적 없는 것처럼, 왜 그런 생각이 드는 것일까. 새로 등장한 것에 익숙해져 원래 있었던 것조차 알아보지 못하는 정신없는 세월의 순서에 머리가 뱅글뱅글. 이렇게 돌고도는 트렌드를 몇 번이나 지나보내면서 할아버지는 그때마다 얼마나 웃음이 났을까?

이 현상소가 목욕탕과 닮은 점이 있다면 자기 나름대로의 철학(또는 그것을 표현하는 방법)을 가지고 있다는 점이다. 가끔 나는 생각한다. 내가 장사를 시작한다면 얼마 만에 지겨워질까, 며칠이나 즐거울 수 있을까 하는 생각. 그리고 지겨워지는 그쯤은 바로 내가 매일 '똑같은 일을 반복'한다는 느낌이 즐거워서 한 것들을 압도하기 시작할 때일 것이다. 남편은 "제대로 장사를 할 거라면 매일 팔 물건을 고민할 필요가 없도록 시스템을 만들어야지"라고 말하시만, 그럴 필요가 없다면, 내 손길이 필요 없다면 뭘 하러 그 장사를 하나 하는 생각이 드는 것이다. '내'가 하지 않아도 되는 일이라면, 무슨 의미가 있나?

나는 현상소 또한 매일 똑같은 일을 하는 곳으로 생각했었다. 하지만 이들은 스스로 여러 가지 아이디어(더구나 장사에도 도움이 되는 유용한)를 내어서 기분 좋은 곳으로 만들어내는 것이다. 이것은 단순히, 우리는 이런 이벤트를 합니다, 열 번 오시면 한 번 할인! 이런 수준의 것이 아니다. 현상소의 개념 자체를 바꿔주는 신선한 장치(예를 들면 일반인이 주제를 가지고 참여하는 작은 전시) 같은 것이 있다. 디지털 카메라를 현상하러 왔다가도, 필름으로 찍으면 이런 느낌이구나, 나도 이렇게 찍어보고 싶다는 느낌을 전한다든지 다른 사람들은 이렇게 여름을 보내는구나, 하는 감상에 젖는다든지 팬시한 앨범을 사면서 현상한 사진을 어떻게 정리할지, 제목을 무엇으로 할지, 찍은 사진을 가지고 그 시간을 다시 추억하게 만드는 장소가 되는 것이다.

모든 것은 내가 만들어가기 나름.

똑같은 다섯 평의 공간이 어떤 의미를 가질 수 있는가 또한 내가 만들어가기 나름이다.

당신의 시간은 지금 어떤 의미로 채워지고 있는지. 그리고 몇 평인지 알 수 없는 우리 세월은 '우리 나름대로' 채워지고 있는지.

도고시긴자 온천
戸越銀座 温泉

주　　소 | 시나가와 구 도고시 2-1-6 (東京都品川区戸越 2-1-6)

전화번호 | 03-3782-7400

영업시간 | 15:00-25:00 | 일요일 8:00~12:00

　　　　아침 목욕 휴식 후 15:00부터 오후 영업

휴　　일 | 첫째, 둘째, 셋째 주 금요일

요　　금 | 성인 450엔

가는 길

아사쿠사 선·도고시 역에서 걸어서 3분.

도큐이케가미 선 도고시긴자 역에서 걸어서 5분.

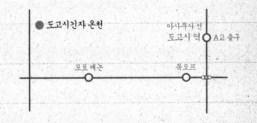

어느 하나 값비싸 보이는 것은 없지만, 어느 하나 후진 것도 없다.

오래된 물건들이 자기 자리를 찾아 자연스런 빈티지 거실이 되었다.

마츠노유

이웃집 할머니의 거실로

어느 하나 값비싸 보이는 것은 없지만 어느 하나 후진 것도 없다. 신문도 전단지도 하나 흐트럼 없이 놓여 있다. 오래된 천 조각들이 시간이 흐르면서 자기 자리를 찾아 일부러 티내지 않은 자연스런 빈티지가 되어버렸다.

마츠노유에 들어서는 순간 창으로 들어오는 밝은 햇살에 반질반질 닦아놓은 모든 물건들이 따뜻하게 일광욕을 하는 사람들처럼 보였다. 세트로 맞춘 것이 아닌 자연스럽게 하나둘 생긴 물건들이 가져다주는 편안함이라든지, 도트무늬의 천으로 덮어놓은 소파나 분홍색 손뜨개 장식에서 오는 가정적인 안정감이 온 거실에 녹아 있었다. 아주머니는 이야기를 나누는 동안 마시라고 라무네를 한 병 가져다주었다. 라무네 병따개를 분홍 손뜨개 장식 위에 살짝 올려놓는 아

주머니도 참 여성스러웠다. 반바지에 카메라를 둘러멘 내가 너무 거칠어 보일 정도였다.

이제 50년 정도가 된 마츠노유의 건물은 전통적인 사찰 건축으로, 노란색 페인트를 칠한 훌륭한 옛날식 지붕을 올렸지만, 몸통 부분을 타일로 싸서 지붕과 어울리지 않게 된 것이 아쉽다. 아마도 낡은 건물 전부를 부수기는 아까워서 부분적으로 수리하는 듯싶었다. 마츠노유의 정식이름이 '나카노부 온천 마츠노유'인 것처럼 역시 이곳도 온천물을 사용한다. 시나가와 구에는 온천 목욕탕이 많다. 하지만 이곳은 도쿄에서 많이 볼 수 있는 쿠로유가 아니라 무색무취 온천으로 순환 소독식이다. 옛날부터 지하수를 사용하고 있었는데, 2004년에 그 성분을 분석한 결과 맑은 온천수에 해당하는 것으로 밝혀졌

마츠노유
이웃집 할머니의 거실로

다. 용출량이 많아 욕조뿐 아니라 샤워기에서도 모두 온천물을 사용한다. 탈의실에는 아날로그 체중계가, 천장에는 날개가 여섯 개인 선풍기가 천천히 돌고 있다. 정원 한쪽에 있는 노천탕과 히노끼 노천탕은 매주 남녀가 돌아가며 사용할 수 있다. 거실처럼 마츠노유의 모든 것들은 모두 작고 아담하고 소박하다.

아주머니와 이야기를 나누고 있던 중에 할아버지 할머니들이 아직 개장시간이 되지 않았는데도 하나둘씩 들어오기 시작했다. 이곳에서는 오늘 '목욕탕 가라오케'가 열린다고 한다(원래는 3시부터 시작인데 가라오케가 있는 날은 2시부터 시작).

목욕탕에서 왜 가라오케? 노래방 기계라도 가져다놓고 마이크라도 잡으시려는 걸까?

가라오케가 곧 시작한다고 나를 불렀다. 나는 구석에 앉아 노래 교실 같은 걸 생각하면서 춤판이 벌어지겠거니 했다. 내 예상은 완전히 빗나갔다. 분위기는 아주 조용했고, 사회를 맡은 아저씨는 먼저 꽤 높은 수준의 토론 주제를 제시했다. 카제노봉과 코엔지의 봉오도리의 차이를 설명하고는 오늘 배울 노래의 아름다움에 대해서 조곤조곤 말하는데, 동네 어른들의 모임이라고 대수롭지 않게 생각했던 내가 조금 부끄러워져 열심히 듣고 열심히 따라 불렀다. 가락은 꽤 어려웠지만 우리나라 민요처럼 모두가 익숙한 노래인 듯싶었다.

오늘은 할아버지 할머니의 가라오케이지만 요즘에는 센토에서 젊은 밴드들이 센토라이브라는 이름으로 공연을 하기도 한다. 물론 목욕하는 중에 모두가 벗고 노래를 하는 것이 아니라, 콘서트의 장소를 목욕탕으로 정한 것이다. 아마도 목욕탕 콘서트는 뜨거운 김이 모락모락 차 있는 목욕탕 안에서 말을 했을 때 노래하는 것처럼, 목욕탕의 높은 천장까지 닿는 듯한 울림을 생각나게 할 것 같다.

노란색의 웅장한 시붕을 하고 있지만 그 속은 가정집처럼 아담하고 소담한 마츠노유. 이웃집 할머니의 거실 같은 목욕탕이 있는 이 마을은 정신없이 돌아가는 네온사인으로 둘러싸인 도쿄와는 아주 다른 곳 같다. 목욕탕을 다닐수록 나는 점점 더 작고 구석진 곳으로 향하고 있다. 신주쿠의 혼잡한 중심가에서는 만날 수 없는 일본의 작은 구석으로.

마츠노유
이웃집 할머니의 거실로

마츠노유
松 の 湯

주　　소 | 시나가와 구 도고시 6-23-15 (品川区戸越 6-23-15)

전화번호 | 03-3783-1832

영업시간 | 15:00~25:00 | 일요일 10:00~24:00

휴　　일 | 매주 월요일

요　　금 | 성인 450엔 | 사우나 추가 300엔

가는 길

토큐오이마치 선 나카노부 역에서 걸어서 2분.

도영아사쿠사 선 나카노부 역에서 걸어서 2분.

Part 4

오
타
구

"그 사람 원래 여기 목욕하러 오는 손님인데

갑자기 자기 맘대로 노래를 만들더니 음반까지 내지 뭐예요?"

카마타 온천

목욕탕을 노래하자

도쿄 오타 구는 쿠로유라는 검정 온천이 특히 풍부한 지역이다. 아주
오래전 바다였던 이 지역에 묻힌 해초 같은 식물성분이 온천에 흘러
들어 물 색깔이 검정이 되었는데, 그 식물의 미끈미끈한 성분이 오히
려 물의 성분을 좋게 만들어서 이 지역은 쿠로유로 유명해졌다. 이것
은 화산으로 인한 온천이 아니라서 비화산온천으로 분류된다. 미끌
미끌하고 향이 옅게 나는데 이 색깔도 감촉도 향기도 시설에 따라
미묘하게 다른 것 또한 이 지역 온천의 즐거움이라고 한다.

온천법에 따르면 원천의 온도가 25℃ 이상, 규정의 물질을 규정량
이상 포함 중 하나를 충족하면 온천으로 인정한다. 카마타 온천의
대부분은 규정 물질이 규정량 이상을 포함하는 조건을 충족하여 온
천으로 등록되어 있다.

온천물에 거멓게 색이 바래진 욕조를 보고 있자면 '진짜' 같다는 느낌을 받는다. 진짜가 아닌 곳이 있겠는가마는 정말 "이건 진짜야"라는 말이 튀어나오는 미끌미끌한 검은 물이 가득 차 있다. 실제로 이 쿠로유는 관절염이나 신경통, 근육통, 오십견, 냉증, 원기 회복, 화상 같은 곳에 '진짜' 효능이 있다. 한쪽에는 효능과 성분에 대한 검증서가 걸려 있었다.

그래서 그런지 주인아주머니께서는 언제 가장 기쁘냐는 질문에 이렇게 물이 좋아서 여러 가지로 몸에 좋았다고 이야기하며, 무릎이 편안해졌다는 인사를 받을 때가 가장 기쁘다고 했다. 나는 피부가 좋아진 것 같다고 뻔뻔하게 인사를 하며 가져온 수건을 꺼내들었다. 다음 목적지 하수누마 온천 주인장과 인터뷰하기로 한 약속 시간이 많이 남지 않았지만 꼭 담그고 가고 싶다.

쿠로유는 일명 '미인의 물美人の湯'이라고 불린다. 약알칼리성으로 베이킹소다의 성분이 있어 피부에 물이 착착 달라붙는 느낌이 든다. 염화물 온천의 특징은 온천 물의 소금 성분이 피부 표면의 단백질과 결합해 있는 피막을 데우는 효과가 있어 발한촉진작용을 기대할 수 있다는 것이다. 좋은 온천일수록 몸을 따뜻하게 하고 데워진 몸이 쉽게 식지 않게 하는데, 그래서 냉증이 있거나 몸이 찬 여성들에게 좋다.

몇 년 전에 왔을 때도 길을 헤매다 택시까지 잡아타고 기어이 가겠다고 고생을 좀 했는데, 오늘도 정말 말 그대로 퍼붓는 빗속을 뚫고 여간 힘든 것이 아니었다. 작은 우산 안으로 들어치는 비에 온몸이 차가워져 시린 몸을 물에 담그고 그야말로 치료하는 시간을 가졌다. 이번 여행을 하면서 한두 정거장은 그냥 걸어 다녀 삐그덕거리는 무릎을 뜨거운 물에 담그고 문질러주었다.

나무 욕조는 두 개로 나눠져 안쪽에 좀 더 뜨거운 물을 담아두었는데 그쪽으로 건너가 앉으니 한 아주머니가 말을 걸었다.

"너무 뜨겁지 않아요? 젊은 사람이 대단하네."

"이 정도는 아무것도 아니에요. 너무 걸었더니 다리가 아파서요. 시원한데요?"

"젊은 사람이 무릎이 아프다고?"

내 대답에 아주머니께서 놀라셨나보다. 조금 가소로워 보였을까. 알지도 못하는 아주머니에게 열심히 하고 있다고 생색을 내다니.

목욕을 마치고 나와보니, 프런트 한쪽에 시디가 한 장 놓여 있는 것이 눈에 띈다. 제목이 〈카마타 온천〉. 이 목욕탕의 이름이다.

아주머니는 웃으면서, "그 사람이 원래 여기 목욕하러 오는 손님인데 어느 날 갑자기 자기 맘대로 노래를 만들어버리더니 음반까지 내지 뭐예요?"란다.

어처구니없어 하는 듯했지만 프런트며, 곳곳에 공연 포스터를 걸어놓기까지 한 걸 보니, 꽤나 기쁘고 자랑스러운가보다. 나는 도대체 무슨 노래를 만들었나 궁금해서 음반의 뒷면을 보았다. 트랙의 제목은 도대체 뭘까?

1. 카마타 온천에 가는 방법
2. 뉴new 카마타 온천
3. ……
4. 돌아오는 길
5. 카마타 온천-house mix
6. 뉴new 카마타 온천(가라오케용)

나는 이 우스꽝스러운 가수의 표지 사진이나 제목도 그렇지만, 카마타 온천 자체를 노래로, 아니 하나의 음반으로 만들었다는 점이 더 흥미로웠다.

더구나 몇 개 안 되는 곡들은 목욕탕으로 가는 길부터 돌아오는 길에까지 관심을 보이고 있다. 목욕탕 가는 길은 어떨까, 돌아오는 길은 또 어떨까, '돌아가는 길' 트랙을 꼭 한번 들어보고 싶다. 나라면 분명 간식거리가 등장할 거야. 허기진 배를 채울 군것질거리에 내한.

어떤 가사가 나올까, 집으로 돌아오는 길엔. 남들이 관심을 갖지 않는 일상적인 동선에 주의를 기울이고 재미있게 표현하는 음반 한 장을 만나면서, 나는 다시금 인터뷰를 한답시고 실용적으로만 움직이던 내 시선이 다시 구석구석 전혀 엉뚱한 곳으로 흘러가주기를 바라면서 드라이어로 머리를 말리며 혼자 노래를 지어 부르기도 했다.

채 마르지 않은 머리카락
20엔 드라이로는 턱도 없지
한 번도 다 말리고 나와본 적 없어
밖에서는 누군가 기다리지
목욕을 끝내고나면 항상 해가 지고 있어
때 미느라 힘을 너무 써버렸어
시뻘게진 목 밑이 안쓰럽지만
이 정도는 밀어야 목욕탕 좀 다녀왔다 하지 않겠어
때 미느라 힘을 너무 써버렸어
어묵이라도 물고 돌아가야지

카마타 온천에서는 이 외에도 재미있는 부분들이 많다. 2층에 밥을 먹으면서 공연을 볼 수 있도록 해놓았다든지, 전화번호도 우리나라의 8282(빨리빨리)처럼 말장난을 해서 만들었다. 03-3732-1126이라는 전화번호는 일본어로 "미나상니 이이후로쿠(여러분에게 좋은 욕조)"라는 발음과 비슷한데, 외우기 쉬울 뿐 아니라 뜻도 좋아서, 참 맘에 들었다.

카마타 온천은 꽤 유명해서 이미 잡지에도 많이 소개가 되었고, 주인아주머니도 이런 방문에 꽤 익숙해 있었다. 그래서 전날 전화로 미리 문의했을 때 반응도 시원시원했다.

"문 여는 시간이 10시죠? 그 전에 가서 내부 사진을 찍고 싶은데요."

"그냥 10시에 와요. 10시에 와서 찍어도 돼요."

"손님들이 찍히는 걸 싫어하실 텐데요."

"우리는 익숙하니까, 괜찮아요. 남자 손님들은 찍혀도 돼."

또 남탕에? 아이고, 이쪽에서 사양이라니까요. 다행이 도착했을 때 여자 손님이 적어 여탕을 찍을 수 있었지만 그들조차도 사진을 찍고 있는 것을 별로 개의치 않았다.

가만, 그런데, 우리? 목욕탕이 손님과 자신을 함께 묶어 우리라고 한다. 내가 갈 10시에 누가 있을 줄 알고 허락하는 거지? 도착해보니 딱 10시인데도 손님들이 있다. 여기도 매일 오는 손님들이 많다고 한다. "보통 목욕탕은 3시쯤에 문을 열던데, 왜 여기는 이렇게 일찍 문을 여는 거죠?"라고 물으니 손님들이 점점 일찍 와서 기다리며 아침부터 열어달라고 하니까 손님들 때문에 일찍 여는 거지 뭐, 라고 어깨를 으쓱하신다.

그렇구나. 여기는 목욕탕과 손님, 그 둘을 묶어 '우리'라고 해도 되겠다. 비가 많이 온다며 더 큰 우산을 들고 뒤쫓아 나오는 아주머니를 들여보내면서 나는 탕 속 온도만큼 따뜻해진 몸과 마음으로 하수누마 온천을 향해 길을 나섰다.

카 마 타 온 천
蒲 田 温 泉

주　　소 | 오타 구 카마타혼쵸 2-23-2 (大田区蒲田本町 2-23-2)

전화번호 | 03-3732-1126

영업시간 | 10:00~25:00

휴　　일 | 없음

요　　금 | 성인 450엔

가는 길

케이힌토호쿠 선 카마타 역에서 걸어서 15분.

"벽에 바다를 그리면 목욕탕이 넓어 보이는 거죠?"

"마음도 넓어지는 거죠!"

타일 그림의 윗부분에서 시작한 폭포는 흘러내리면서 욕조까지 이어지는 듯 보였다. 덕분에 작은 실내가 훨씬 넓어 보인다.

"저, 그런 효과에 대해서 이미 들었어요! 바다를 그리면 목욕탕이 넓어 보이는 거죠?"

"마음도 넓어지는 거죠!"

그렇다. 마음도 넓어진다. 단순한 '효과'가 아니라 이것은 '비밀'이다. 사람의 마음이 즐거워지는 목욕탕의 비밀. 나는 라임을 맞추듯 돌아온 명쾌한 대답에 거창한 비밀이라도 들은 양, 감격하고 만다. 목욕탕을 다니다보면 계속해서 같은 것을 보고 있는 듯하다가도 그 안에 숨겨진 의미들이 줄을 지어 연결되면서 이렇게 만날 때가 있다.

마음도 넓어진다. 이런 생각을 하는 주인아저씨라면 분명 즐거운

이야기를 나누게 될 것이다. 생각대로 아저씨는 명랑하고 재치 있는
분이었다.

아서씨는 이런 폭포 그림은 도쿄에서 이곳뿐이고 직접 이 그림으
로 부탁해 타일을 한 장 한 장 구웠으며, 자신이 오타 구 목욕탕 조
합장이 된 후로 조합이 활기차졌다고 아무렇지도 않게 자랑하는 개
구쟁이 같은 모습에 몇 번이나 웃었다. 요즘은 하네다공항으로 내리
는 손님들이 오다이바의 온천이 아니라 공항에서 가까운 이 오타 구
의 목욕탕으로 올 수 있도록 하기 위해서 조합과 고민하고 있는 중이
라고 했다. 목욕탕 손님이 점점 줄어드는 것도 그렇지만, 충분히 좋은

하수누마 온천
마 음 도   넓 어 지 니 까

온천이기 때문에 외국의 손님들이 많이 왔으면 하는 것이다. 하네다 공항이 국제공항으로 바뀌면서 아저씨의 노력이 좀 더 빛을 보았으면 하는 바람이다. 물론 시설을 몽땅 바꾸고 대형 슈퍼센토로 전향하는 것이 아니라 이 모습대로 남은 채 말이다.

같은 온천이지만 이곳은 오타 구에서 주로 나오는 새까만 쿠로유가 아니고 하수누마에서 나오는 온천이라 하여 '하수누마 온천'이라고 이름을 붙였다. 색깔이 좀 더 흐린 황갈색의 물이다. 물 자랑을 하면서 아저씨는 "들어가서 몸을 좀 담가봐요"라고 권했다. 방금 카마타에서 목욕하고 왔다며 웃으며 사양하자,

"그럼 어때요? 수건을 줄 테니까 몸을 좀 담가봐요. 여기는 쉬는 날에는 아침저녁으로 와서 물에 들어가는 사람도 있어요. 그게 진짜 휴가지"라며 수건을 가져오셨다.

그날 밤 머물고 있는 지인의 집에 돌아가서 이렇게 하루 두 번 목욕했다고 하자, 지인은 온천 마크의 구부러진 수증기 모양이 세 개가 있는 것은 온천에 가서 물에 세 번 들어가기 때문이기도 하다고 이야기해주었다. 아침에 한 번, 밥 먹기 전 한 번, 자기 전에 한 번, 이렇게 세 번. 하긴 온천으로 아예 휴가를 가는 사람도 있는데, 살고 있는 동네에 온천이 있다면 아침저녁으로 들어갈 만하겠다.

그럼, 저도 또 담가볼까요……?

탕으로 들어가는 나에게 아저씨는 사자의 입에서 나오는 것이 원

천이므로 나가기 전에 몸을 담그고나서 씻지 말고 몸을 톡톡 두드리고 나오라 했다. 여기도 카케나가시구나. 나는 몇 번이고 사자의 입에서 나오는 물을 받아 얼굴에 문질러댔다. 시미즈유에서도 이야기했지만 카케나가시는 한 번 사용한 물을 소독해서 쓰는 것이 아니라 원천에서 새로운 온천이 계속 흘러나오는 것을 말한다. 카케나가시는 온천을 다니는 사람들에게 매우 중요한 조건 중 하나이다. 일본에서도 수돗물 등을 데워서 온천이라고 속이는 경우가 있었는데, 그것을 방지하기 위해 온천을 다니는 사람들이 확인하는 두 가지가 바로 카케나가시와 니고리유이다. 니고리유는 온천하면 떠오르는 하얗고 탁한 물을 말하는 것이고, 카케나가시는 계속 새로운 물이 흘러나오는 것을 말한다. 그것은 원천이 있어야만 가능한 것으로 이렇게 동네에서 450엔을 내고 계속해서 새로 나오는 깨끗한 물을 즐길 수 있다는 것은 온천을 좋아하는 사람에게 얼마나 기쁜 일인지 모른다. 아저씨가 자랑할 만하다.

두 번씩이나 목욕을 하느라 입고 벗고, 옷을 개고 넣고, 머리를 말리고 하는 일들은 성가시기도 하지만 좋은 물에 몸을 담그고나면 역시 그런 생각은 호사스러운 불평이 되고 만다. 떠나본 사람만이 다시 떠날 준비를 하는 것처럼, 좋은 물에 담구어본 사람만이 몇 번이고 들어가는 것이다. 담가본 사람이라면, 하네다에 내리기도 전에 벗을 준비가 될지도 모른다.

하수누마 온천
마 음 도 넓 어 지 니 까

목욕탕에서만 살 수 있는 기념품

일본사람들은 여행을 다녀올 때 가족이나 친구, 직장동료들에게 선물을 사오는 문화가 있다. 크고 비싼 선물은 아니더라도 그 지역의 과자 같은 작은 기념품을 사오는 그러한 풍습을 오미야게おみやげ라고 한다. 어학원을 다닐 때도 휴가를 다녀온 선생님이나 같은 반 친구가 가져온 나가사키의 카스텔라나 고베의 과자 등을 먹어볼 기회가 즐거웠다. 워낙 크리스마스에 카드를 보낸다거나 외국에 간 친구가 그 나라 엽서를 보낸다거나 하는 작은 마음 씀씀이를 좋아하는 나는 이런 오미야게를 살 때마다 여간 기쁜 것이 아니어서 정열적으로 선물 고르기에 임한다.

이번에 목욕탕을 다니면서도 나는 사탕이나 손수건, 고양이 엽서 등 같이 지내는 친구나 가족에게 사다줄 만한 것들을 만날 때마다 얼마나 신이 났는지 모른다. 더구나 목욕탕 다녀왔어, 라고 툭 던져주는 것들이 목욕탕에서만 살 수 있는 것이면 받는 사람들은 크건 작건 간에 신기해하며 즐거워했다.

여기 하수누마 온천에서 구입한 오미야게는 바로 사과 사이다와 니테코ﾆﾃｺ 사이다이다. 일본사람들은 사이다에 뭘 섞어 먹지 않기 때문에 흔하지 않은 것이기도 하지만, 일본에서 10대 깨끗한 물에 드는 아키타 현(한국 드라마의 열렬한 팬인 아주머니는 아키타 현을 아냐고 물으면서도 "이병헌 씨가 〈아이리스〉 쩍은 로케 장소 있잖아요"라고 덧붙인다)의 미사토초 롯코에서 만드는 100년 역사의 사이다로, 사과 사이다가 190엔, 그냥 사이다가 180엔이다. 병에 담긴 것인 데다 다른 곳에서 사기 힘든 음료수치고 저렴해서 두 병 다 달라고 했다. 일본에는 지방의 특산물을 도쿄에서 살 수 있도록 만든 '안테나숍'이라는 것이 있는데 이 사과 사이다는 도쿄에 있는 '아키타 현 안테나숍'에서도 살 수 없고 이 목욕탕에 와야만 살 수 있다고 하니, 이곳에서 만날 수 있는 즐거움이 또 하나 더해진 셈이다.

목욕탕 이벤트

오타 구에서는 매년 '오타 구 목욕탕 산책'이라는 행사를 한다. 6km 정도의 산책 코스에 있는 목욕탕과 마을의 관광지를 돌면서 퀴즈를 푸는 이벤트이다. 퀴즈를 다 풀고 산책에서 돌아오면 작은 기념 수건을 준다. 특이한 것은 마을의 관광지에 '목욕탕'이 코스로 포함된다는 점이다. 그만큼 목욕탕이 마을에서 차지하는 비중과 의미를 알 수 있다. 올해 나눠주는 수건에는 새 한 마리, 해, 그리고 후지산 위에 서 있는 큐피가 그려져 있다. 도대체 어떤 의미가 있는 걸까?

일본에서는 새해 첫 꿈이 한 해의 길흉을 좌우한다고 해서 정월 초하룻날 밤에 좋은 꿈을 꾸려고 한다. 그중에서도 '후지산 꿈'을 꾸는 것을 가장 길몽으로 여기는데, 그 이유는 후지산은 '무사無事한', 매는 '높다高い', 그리고 가지는 '이루다成す'라는 뜻을 가진 단어와 비슷하게 발음이 되기 때문이다. 그래서 수건에는 후지산과 매를 그리고 가지 대신에 가지의 일본어 발음인 '나스비'의 끝모음 '비'와 운율이 맞는 큐피를 후지산 위에 그려 넣어 재치 있으면서도 좋은 의미를 가진 그림을 만든 것이다. 크게 떠 있는 해 또한 자세히 보면 목욕탕의 마스코트인 작은 오리들로 가득 차 있다. 크기는 아주 작은 수건이지만 일본인들이 좋아하는 것으로 잔뜩 채워진 수건은 그래서 이벤트의 상품으로 충분한 값어치가 있다. 10월말에 있을 다음 산책에 참여할 수 없다며 아쉬워하자 아저씨는 흔쾌히 걸어놓았던 수건을 선물로 주었다.

목욕탕 이벤트는 단순히 매출을 올리기 위한 가게 이벤트와는 많이 다르다. 그 역사가 오래된 만큼 담고 있는 의미도 남다르고, 오타구의 '목욕탕 산책'처럼 마을의 축제와 연관해서 진행하는 경우도 많다. 상품으로 주는 물건들도 샴푸나 세제가 아닌, 일본인들의 정서를 담고 있는 의미 있는 물건들을 별도로 제작하는 것이 인상적이었다.

맨 처음 목욕탕에서 받은 목욕탕 스탬프도 다 찍어간다. 스탬프 랠리는 구마다 개별적으로도 이루어지는데, 스기나미 구의 경우 그 상품인 서른다섯 개의 공중목욕탕을 방문해 목욕을 한 후 스탬프를 받고, 그것을 조합에 보내 받거나 500엔에 구입할 수도 있다. 나카노 구의 경우 다섯 군데를, 오타 구는 스무 군데를 돌아야 큐피를 받을 수 있다. 각 구마다 큐피를 살 수 있는 곳도 있고, 랠리에 참여해야만 받을 수 있는 곳도 있다. 나는 목욕탕 주인에게 받기도 하고 직접 구입하기도 해서 세 개의 큐피가 생겼는데 각각 마스코트인 오리옷을 똑같이 입고 있지만, 각 구마다 두르고 있는 타월의 줄무늬가 다르다. 아주 작은 부분까지 신경 쓰는 것을 좋아하는 일본인답다.

왼쪽부터 오타 구, 나카노 구, 스기나미 구
그럼 스탬프를 찍어볼까!

7개!

이제…… 9개!
자, 하나만 더!

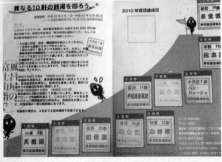

10개 완성!!

다음에 도쿄에 갔을 때는 어떤 이벤트를 하고 있을지, 어떤 선물을 줄지 궁금하다. 이왕이면, 노란색 케로린 목욕 바가지면 좋겠는데 말이지. 어떤 것이든 생각지 못한 디테일에 깜짝 놀랄 것이 분명하다.

하 수 누 마 온 천
は す ぬ ま 温泉

주　　소 | 오타 구 카마타 6-16-11 (大田区西蒲田 6-16-11)

전화번호 | 03-3734-0081

영업시간 | 15:00~25:00

휴　　일 | 매주 화요일

요　　금 | 성인 450엔

가는 길

도큐이케가미 선 하수누마 역에서 걸어서 2분.

하지만 주요 역에서 하수누마 역으로 가는 것이 어려우므로

카마타 역으로 가서 걸어가는 것도 좋다. 카마타 역에서는 10분.

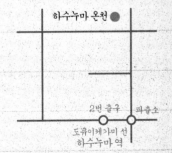

Part 5

치
요
다
구

여기서의 인사는 "오늘 그이가 안 보이네"가 아니라, "달리고 오겠습니다."

반도슈 ^{달리는 사람들}

반도슈라는 이름을 본 것은 일본의 한 마라토너의 블로그였다. '황궁 근처의 목욕탕을 찾는다면 반도슈'라는 포스팅을 보았는데, 역에서도 가깝고 달리는 동안 로커까지 빌려주는 반도슈는 러너들에게 편리하고 사랑스러운 목욕탕이다.

반도슈バン・ドゥーシュ라고 카타카나로만 적어놓은 것을 보니 외래어인가 싶었다. 알고보니 반도슈의 반バン은 욕조를 뜻하고 도슈ドゥーシュ는 프랑스어로 샤워라는 뜻이란다. 왜 이런 이름을 지었는지 물으니 30년 전에는 원래 주소를 딴 코우마치 온천이었는데 맨션의 1층으로 들어오면서 현대적인 이름을 짓고 싶어 불어를 섞었다고 한다.

실제로 굴뚝도 보이지 않고 아파트의 벽에 반도슈라는 알파벳을 흘림체로 써놓아서 언뜻 보면 전혀 목욕탕 같지 않다. 흠 이것도 점점 줄어드는 목욕탕의 새로운 적응법일까. 이제까지 다녀온 목욕탕 중에서 가장 작다. 언젠가 텔레비전에서 본 캡슐 호텔처럼 작고 간결한 느낌의 반도슈는 목욕탕 안이 매우 좁고 페인트 그림도 보이지 않는다. 욕조가 있긴 하지만 차라리 작은 샤워장 같은 느낌이다.

샴푸와 비누가 무료니 이곳에 오는 사람들은 짐을 최대한 줄일 수 있다. 실제로 아주머니와 이야기하는 동안 양복을 입은 한 마라토너가 와서 돈을 내고 로커로 들어갔다가 운동복으로 갈아입고 다시 나와서 키를 맡기고 이름을 적어놓는다. 키를 맡기기 때문에 걸려 있는 화이트보드에 이름과 번호를 적어놓지 않으면 헷갈리기 쉽다.

황궁은 달리기 코스로 아주 유명한 데다가 요즘 달리기 붐으로 인해 목욕탕은 오히려 손님이 늘었다. 출근 전후로 한 바퀴씩 뛰고 가려는 사람들에게 역까지 가까이 있는 반도슈는 아주 유용하다.

그래서 반도슈에서 가장 잘 인기 있는 음료는 병우유가 아니라 스포츠 음료이다. 블로거들은 프런트에서 마라톤 공식음료인 '더블아미노바'를 판다고 나이스를 외치기도 하니까 다른 목욕탕과 이용객도 쓰임새도. 그래서 분위기도 전혀 다르다.

다른 목욕탕에서는 '날씨가 좋네'라든지, '누구누구가 오늘은 보이지 않네' 같은 류의 인사가 들렸는데, 이곳에서는 "오늘은 달리는 사람이 적네요"가 인사였다. 나올 때는 "달리고 오겠습니다"라고 아주머니에게 인사한 후 경쾌하게 뛰어나간다.

관광지인 황궁 앞이라 그런지 외국인들이 많이 보여서 "혹시 목욕

탕에 오는 외국인은 없나요? 재미있는 일은 없었나요?"라고 기대에
찬 눈빛을 반짝이며 물었다. 왜 없겠나. 호텔에서 가보라고 목욕탕
을 소개해주는 경우도 있어서 온 외국인들은 팬티를 입은 채 들어가
기도 하지만, 대부분 일본인 동행이 있어 큰 실수는 없다고 한다. 아
이 참, 내가 처음 일본 목욕탕에 갔을 때 알몸으로 프런트의 아저씨
에게 뜨거운 물이 안 나온다고 말하는 것을 보았을 때처럼 충격적인
에피소드는 없는 거예요? 눈치 빠르게 적응한 외국인들이 괜히 원망
스럽다.

　　대부분 비즈니스 센터로 이루어진 동네라 그런지 목욕탕 손님도

주민보다는 직장인 중 달리는 사람들이 대부분이다. 목욕탕 로커를 빌려주는 서비스나 인기있는 스포츠 음료를 주는 이벤트를 하는 마케팅 덕분에 별다른 시설 없이도 반도슈는 점점 알려지고 있다.

나도 목욕탕을 나와 황궁 쪽으로 내려갔다. 도시의 한가운데에 넓게 탁 트인 황궁. 황궁을 둘러싼 물줄기에 닿아 있는 하늘을 따라가면서 천천히 걸었다.

땀을 흘리며 달리는 사람들은 모두 안심한 듯 편안한 얼굴이다. 직장을 가든, 전철을 타든, 실컷 땀을 흘리고도 씻으러 갈 곳이 있으니 말이다. 규모는 작지만 제 역할을 톡톡히 하는 기특한 목욕탕이다.

달리는 사람들이 계속 내 옆을 지나 달려간다. 멀리 높은 빌딩이 보이는 곳까지 탁 트인 신비로운 천황의 공원을.

반도슈
バン・ドゥーシュ

주   소 | 치요다 구 코우지마치 1-5-4 (千代田区麹町 1-5-4)

전화번호 | 03-3263-4944

영업시간 | 15:00~24:00

휴   일 | 매주 일요일, 공휴일

요   금 | 성인 450엔(비누와 샴푸 무료)

가는 길

도쿄메트로 한조몬 선 한조몬 역에서 걸어서 1분.

Part 6

세
타
가
야

구

"사실 '이치방부로'는 첫 번째로 들어간다는 의미도 있지만,
매일 일찍 오시는 분들은 정해져 있거든요. 그분들끼리는 여기서 친구도 되기 때문에,
사실 문 열 때까지 기다리는 시간도 즐거운 거예요."

아직 문을 열지도 않았는데 그룹의 소년들이 문 앞에 줄을 서 있다. 야구복을 입은 채.

까맣게 그을린 얼굴에 우리나라 학생들과는 조금 다른 얼굴이 낯설어서 소설에 등장하는 아이들을 보는 것 같은 느낌이다. 아마 따갑도록 강렬한 햇살이나, 그 어느 목욕탕보다 어린 아이들과 젊은 사람들이 많아서 더 활기차 보였을 수도 있겠다.

"아까 보니까 문을 열기도 전에 줄을 서 있던데요. 다른 목욕탕에서도 한참을 서 계시더라고요. 왜 그런 거예요?

"아, 이치방부로 하시려고……."

이치방부로一番風呂는 이치방一番目(첫 번째)라는 단어와 후로風呂(목욕)가 합쳐진 말로 욕조에 새로 받은 물에 제일 먼저 들어가는 것을 말한다. 심지어 어른들 중에는 자기 자리를 정해놓고 거기에만 앉으려고 하는 사람도 있다. 매일 오는 손님들의 이야기다.

"물론 제일 먼저 들어가면 좋겠지만 저렇게 몇 십분씩 기다리는 건 너무 힘들지 않나요? 그렇게까지 첫 번째로 들어가야 하는 건지……?"

"사실 이치방부로는 첫 번째로 들어가는 의미도 있지만, 매일 일찍 오시는 분들은 정해져 있거든요. 그분들끼리는 여기서 친구도 되기 때문에, 사실 기다리는 시간도 즐거운 거예요."

기다리는 시간조차 기대하며 오는 사람들이 있는 것이다. 아까 보았던 야구부 소년들이나, 하마노유 앞에 서 있던 할머니들 모두에게 기다리며 줄을 서 있는 시간은 친구와 노는 시간이기도 하다. 목욕탕 옆에는 항상, 거의 항상 코인란도리ㅋイ기기기기(동전세탁기)가 있었다. 각자 집에 세탁기가 없어서 그런 건지 물었더니,

"혼자 사는 학생들이나 노인들은 세탁기가 없는 경우도 많아요. 하지만 세탁기가 있어도 코인란도리에서 세탁하는 사람들이 있지요. 이젠 각자 집에 욕조가 있어도 목욕하러 오는 것처럼, 습관 같은 거예요. 오는 김에 들고 오는 거죠. 그런 사람들이 많아요"라고 답해주셨는데, 거기서 '습관 같은 거'라는 단어가 이치방부로랑 이어진다. 언제나 하던 거. 습관에 대한 이야기.

내가 쓴 목욕탕 이야기를 읽고 목욕탕에 가본 사람은 어쩌면 '뭐야, 시시하네'라고 생각할지도 모르겠다. 아주 미묘하게 다른 습관과

차이를 이야기하는 글이 밋밋할지도 모르겠다. 이렇게나 작은 것에 들떠 있는 것이 오타쿠처럼 이상하다고 할지도 모르겠지만, 누구든지 가지고 있는 아주 작은 찰나의 기억에 나의 여행기가 보태져 '아, 정말 그랬는데' 잊었지만 한 시절엔 습관이었던 추억을 더듬어내며 미소를 지을 수 있으면 좋겠다.

목욕탕 안으로 들어가니 건강랜드(그게 뭔지는 나도 모르겠지만)에 온 것 같다. 페인트 그림나 타일 그림은 사라지고 커다란 텔레비전이 있고 탕에 들어가서 야구를 볼 수도 있다. 새로 리뉴얼한 시설들은 슈퍼센토만큼이나 좋다. 사우나는 보통 사우나, 저온 미스트, −10℃의 냉동 사우나, 이렇게 세 종류가 있다. 보통의 목욕탕에 비해 탕의 크기도 크고 실외에는 (따로 돈을 내야 하지만) 수영장과 자쿠지도 있다. 자쿠지에는 매일 다른 약초나 허브를 넣는다. 거기다 물은 온천인 쿠로유. 450엔에 이런 호강이 없다. 목욕탕에 수영장이 있는 건 아무래도 냉탕에서 이루지 못한 로망이 역시나 실현된 것이라고 생각한다. 쌍둥이 동생과 목욕탕에 가면 다른 욕조에 비해 그나마 큰 사이즈의 냉탕에서 수영하는 것 또한 꽤 즐거운 일이었다. 놀라지 않기 위해서 사우나에서 몸을 데우고 천천히 어깨에 물을 끼얹어 준비를 하고나면 어느덧 익숙해진 몸이 차가운 물에서 유유히 물장구를 친다. 수영을 못하는 나는 두 팔을 저으며 발을 떼어 쓰윽 밀고 나가면 곧 팔이 닿는 냉탕에서의 수영이 수영장에서보다 훨씬 즐거웠다. 아마

다른 사람들도 그런가보다. 이렇게 꽤나 긴 길이의 수영장이 목욕탕에 등장하고야 만 것을 보면.

이런저런 시설이 거의 슈퍼센토 수준으로 갖추었는데도 450엔을 받는 것이 의아해 물으니, "우리는 그냥 센토니까요"라고 말한다. 손님들이 항상 내던 돈으로 목욕탕에 와 '기뻐해주는 것이' 제일 중요하니까. 조금 쑥쓰러운 답이라고 생각했다. 광고용 멘트 같다고.

하지만 로커로 가면서 보게 된 아날로그 체중계에 대한 설명을 들으면서 그건 진짜였다고 느꼈다. 전자식과 아날로그식 저울이 모두 있어서 왜 두 개를 다 설치했냐고 물으니, 옛날식 저울을 사용하는 것을 좋아하는 분들이 있다는 대답 때문이다.

시설을 바꾸면서도 계속 450엔의 공중목욕탕을 유지하려는 데엔, 여러 가지 상업적 이유도 있겠지만, 적어도 어떤 모양이든지 아버지를 이어서 같이 자라온 마을 사람들을 기쁘게 해주고 싶어하는 마음은 한쪽에 놓인 아날로그 체중계만큼 묵직하게 느껴졌다.

소 시 가 야 온 천 21
そ し が や 温泉 21

주   소 | 도쿄도 세타가야 구 소시가야 3-36-21

        (東京都世田谷区祖師谷 3-36-21)

전화번호 | 03-3483-2611

영업시간 | 14:00~26:00

휴   일 | 없음

요   금 | 성인 450엔

가는 길

오다큐 선 소시가야오쿠라 역에서 걸어서 5~6분 거리.

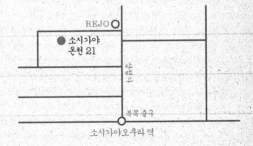

Part 7

다
이
토
구

정말 '동네 목욕탕'이라는 단어에 딱 들어맞는 시원시원한 말.

"같이 가지 뭐."

로쿠류우코우센

오래된 친구와 오래된 목욕탕

"나는 맨날 여기에 오고서도 여기가 쿠로유인지 몰랐네. 하도 쿠로유, 쿠로유 해서 뭔가 했는데."

"이 사람이 이렇게 관심이 없어요."

내가 침이 마르도록 이야기하던 쿠로유가 매일같이 다녔던 목욕탕의 물을 말하는 것을 기억해내곤 허탈해하는 지인을 놀리며 그의 남편이 농담을 던졌지만 그런 일들은 누구에게나 있다. 어떤 집에 놀러가서도 모두 눈에 들어오는 것이 다르고 좋아 보이는 것이 다르듯이. 한 번 보이지 않은 것은 계속 그 자리에 있어도 계속 못 보는 법이다.

알랭 드 보통은 『여행의 기술』에서 우리가 여기서 아름답다고 말하는 것은 그 장소를 좋아한다고 말하는 또 하나의 방법일지도 모른다고 했다. 자신의 눈에 들어온다는 것 자체가 이미 내가 좋아하는 것을 찾고 있었기 때문일 것이다. 그러므로 여행은 내가 원하는 것을 이미 이미지로 만들어 떠올리고 가서 확인하는 작업일지도 모른다. 여행을 떠나기 전 광고 브로슈어의 문구 아래 있는 이미지를 선택하는 것이다. '이거야! 눈이 내리는 곳에서 온천을!' 또는, '야자수와 에메랄드빛 바다에서 수영을' 같은 것 말이다. 뭔가 새로운 것과 마주할 기대보다 내가 원하는 이미지가 기다리고 있기를 기대하는 것이다. 어떤 잡지에 아주 조그맣게 자리했던 그 노란색 플라스틱 목욕바가지 하나에 반해, 일본 목욕탕의 이미지 전부가 된 듯 가는 목욕탕마다 제일 먼저 그 바가지를 찾았던 것처럼. 이제는 목욕탕에서 미리 본 이미지나 원하는 이미지 말고 새로운 것이 나의 눈을 잡아끌기를 기대하지만 말이다.

로쿠류우코우센은 목욕탕을 찾아다니는 내게 일본에서 20년 이상 살고 있는 지인인 강춘동 선생님(일본에서 대학교수이자 지휘자로 활동하는 분으로 학생 때부터 일본에서 지내며 나에게 할머니들의 하라주쿠라는 스가모 같은 동네 등 흥미로운 것을 알려주시는 고마운 분이다)께서 "그러면 우리 네즈에 같이 가봐요. 거기도 쿠로유 있는데. 거기는 나무 욕조를 만드는 장인도 계시니까 내가 소개시켜줄게요!"라며 선뜻 네즈 쿠로유와 네즈 동네 구경을 제안해주시는 게 아닌가. 선생님이 청년 시절에 네즈에 살았다는 것은 정말 행운이다! 네즈는 야네센谷根千이라고 불리는 시타마치. 나중에 네즈를 소개하며 자세히 이야기하겠지만 일본의 옛 모습이 고스란히 녹아 있는 마을 중 하나다. 그곳의 아는 사

람들과 맛있는 것들 그리고 다니던 목욕탕까지, 나는 약속한 일주일 후가 다가오기만을 손꼽아 기다렸다.

우리는 네즈로 차를 몰았고 드디어 오랫동안 지휘자님과 친구들이 다녔던 그 목욕탕에 왔다. 꼬불꼬불 골목 사이를 지나며 만난 목욕탕에.

목욕탕에 오기 전 들러서 만난 나무 욕조 장인은 우리가 이제 목욕탕에 갈 것이라 하니 땀에 젖은 와이셔츠만 입은 채로 수건을 들고 일어서며 말했다.

"같이 가지 뭐."

정말 '동네 목욕탕'이라는 단어에 딱 들어맞는 시원시원한 말. 낮 동안 나무를 대패로 밀며 흘린 땀을 씻으러 가는 것이다. 언덕도 빌딩도 아니라 그저 몇 골목을 걸어 들어가 동전 몇 개를 내고 들어가서 씻고 나오면 그만이다. 흠뻑 젖은 몸을 '삿빠리きっぱり(개운하게)' 씻어내고 또 저녁을 맞이하는 것이다.

나는 남자 두 사람이 걸어가는 길을 뒤에서 따라가며 바라보았다. 그 뒷모습이 너무나 부러웠다. 굳이 일본사람이 아니더라도 일하던 도중 다른 마을로 이사 간 친구가 목욕탕을 간다고 하니 따라 나설 수 있는 막역한 친구가 한국에는 몇이나 있을까? 아니 그런 막역한 오후가 우리에게 얼마나 있을까? 모두 바빠서 올해가 지나가기 전 밥 한번 먹기 위해서는 몇 주 전에 약속해야 하는 사람들이 대부분인데. 남자들의 막역한 그런 뒷모습이 단순하고 간단해서 마음이 뭉

글뭉글해진 채로 천천히 노렝을 걸고 목욕탕으로 들어갔다.

이미 영업을 시작했지만 아주머니는 들어가서 찍으라고 허락해주었다. 하지만 허락을 받고 들어갔음에도 불구하고 일전에 다른 곳에서는 혼난 적이 있던 터라 쭈뼛거리고 있으려니까 아주머니는 눈치를 챘는지, 프런트를 비워두고 같이 들어가주었다.

사진기를 들고 들어가자 금세 아주머니들은 우리를 주목했다. 그래서 내가 조금 목소리를 높여 "타일 그림과 욕조만 찍을 거예요. 걱정하지 마세요"라고 안심시키자 아주머니 중 한 분이 갑자기 몸을 배배 꼬면서 가슴을 살짝 가리는 요염한 포즈로 "톳테모이이와ㄷって もいいゎ!"라며 까르르 웃어젖혔다. 우리말로 하면 '찍어도 좋아요'라고 한 것으로 마지막에 '~와ゎ'라고 하는 것은 여자들만 쓰는 접미사로 어감상 "찍어도 좋아용"이라고 할 수 있겠다. 덕분에 경계했던 눈초리들이 한번에 풀리며 다들 오히려 관심을 보였다. 동네에서는 분위기 전환이 순식간이다.

아주머니들과의 대화는 목욕이 끝나고도 계속되었다. 한 아주머니가 한국의 목욕탕은 어떠냐고 물어 천장이 다 막혀 있고 남탕에서 이야기하는 것은 들리지 않는다고 했더니 "그럼 무슨 맛이야!"하며 아쉬워했다. 무슨 맛이야. 한국어와 똑같은 표현에 한국어를 듣는 것처럼 그 느낌이 전해져 온다.

드라이어로 말리지 않아 젖은 머릿결에 어깨가 조금 축축한 채로 병에 든 흰 우유를 꿀꺽꿀꺽 넘기면서, 니스를 칠한 듯 반짝반짝 닦은 마루를 둘러보았다. 여기저기 옷가지를 담아놓은 바구니가 있고 한쪽에는 잉어가 헤엄치는 작은 연못으로 마루가 연결된다. 천장에는 날개가 세 개인 큰 선풍기가 천천히 돌아간다. 아, 시원해. 연못에서 졸졸졸 흐르는 물소리까지 더해 눈꺼풀이 무겁다. 나른하고, 피곤하다.

아주머니를 돌아보며 묻고 싶었다. "바닥에 누워 한잠 자고 싶어요. 목욕 후에는 그게 맞지요?"라고. 그럼 "한잠 자지 않으면 무슨 맛이야!"라고 대답해주겠지?

로쿠류우코우오셴
오 래 된 친 구 와 오 래 된 목 욕 탕

목욕탕이 있는 마을 여행하기

대부분의 사람들이 나처럼 목욕탕만 다닐 작정으로 한 달을 여행하지는 않기 때문에 3박4일간의 일정에 목욕탕을 중심으로 하루를 여행할 코스를 소개하면 좋겠다는 생각이 들었다. 그래서 검은 물의 온천과 목조건물의 목욕탕에 더해 목욕탕과 어울리는 일본 시타마치의 정취를 느낄 수 있는 '네즈'를 소개하고자 한다.

로쿠류우코우센이 있는 네즈는 야네센 중의 하나다.

일본에는 시타마치下町라는 단어가 있다. 에도시대부터 주로 서민들이 살거나 상인들이 사는 지역을, 직역하면 아랫마을이라는 단어를 써서 표현한 것이다. 지금은 주로 에도시대의 정서가 남아 있는 지역을 시타마치라고 하는데 일본사람들은 이 단어를 좋아해서 '꿈의 시타마치 투어'같이 관광상품을 만들기도 하고 '시타마치 산책'이라는 이름으로 산보를 즐기기도 한다. 아사쿠사, 니혼바시, 우에노 등의 마을도 시타마치라고 부르지만 모두 관광지 느낌이 더 많이 나는 것 같아 좀 더 자연스럽고 조용한 야네센을 추천한다.

야네센

야나카, 네즈, 센다기 지역을 합쳐서 각 지역의 앞 글자를 따서 '야네센'이라고 부른다. 옛 도쿄의 전통적인 분위기가 많이 남아 있는 그야말로 시타마치의 거리이다. 수십 년, 수백 년 된 사찰과 담벼락에서도 느껴지는 오래된 느낌에 더해 작은 사탕 가게나 커피숍보다는 커피가게라는 느낌의 가게들, 우동집, 장인들의 가게, 천이나 종이를 파는 가게를 구석구석에서 만날 수 있는 곳이다.

이미 여러 차례 그곳에 놀러 갔었지만, 네즈에서 10년 이상을 산 지인과 함께 간 네즈는 또 다른 모습을 하고 있었다. 같은 야네센인데도 시작점(네즈 역, 우에노 역, 닛뽀리 역 등)이나, 골목에 따라 분위기가 다르다. 물론 같이 오는 사람에 따라서도, 날씨에 따라서도, 우리가 어떤 사람인가에 따라서도 동네는 다른 모습을 하고 있지만.

그날은 골목골목을 슬렁슬렁 쫓아다니는 것만으로도 약속이나 한 것처럼 툭툭 튀어나오는(사실은 안내되고 있는 것이니까 준비된 순서임에도 불구하고 따라가는 사람에게는 너무나 자연스러운) 골목의 탐험들에 나는 연신 탄성을 질렀다. 이래서 사람들은 여행을 갈 때 그곳에 있는 지인에게 안내를 부탁하는 걸까! 그것은 그 나라의 말을 할 줄 아는 사람이 살고 있다는 것 이상의 든든함이다.

물론 가이드북에서도 어려워 보이는 길을 요리조리 잘 찾아가 그리 헤매지 않고 딱 찾아내었을 때의 쾌감도, 헤매다가 우연히 발견한

가게들에서 맛있고 즐거운 경험을 하게 되는 우연한 기쁨도 꽤 즐겁지만 말이다.

그곳에 오래 살아온 사람들 통해 만나게 되는 알찬 동네 구경이 최고라고 외치는 나이지만 이 날은 구경이라기보다, 오랜만에 친구를 따라다니며 마치 내가 살았던 동네처럼 친근하고 자연스러운 여행을 하는 것도 무척 뜻깊고 즐거웠다.

자, 목욕을 하기 전에 좀 돌아다녀보자.

네즈 교회

일본 하면 신사를 떠올리기 마련이고 네즈에는 '네즈 신사'라는 유명한 신사가 있다. 많은 가이드북에서 그곳을 소개하고 있으므로 나는 방향을 돌려 아주 특별한 목조건물 '교회'를 소개하려 한다.

네즈 교회는 1919에 목조로 지어졌으며, 1923년의 관동 대지진과 1945년 제2차 세계전쟁(도쿄대공습)에서 기적적으로 살아남아(주위는 불탄 곳이 많음에도 불구하고) 현재 문화재로 등록되어 있다. 사실 네즈와 야네센에는 많은 묘지와 사찰이 있어서 한 집을 건너가면 향냄새가 날 정도이다. 이 덕분에 이곳에서 더 일본의 정취를 느낄 수도 있다. 하지만 네즈에 교회가 있다니! 1910년대, 게다가 목조 서양관이 완전한 형태로 도쿄에 남아 있는 것은 매우 드문 형태로 건물을 사랑하는 분들의 협력을 얻어, 최근에 문화청에 문화재 등록을 했다. 예배당과 담을 포함하여 문화청 등록 유형 문화재이다. (헤이세이 13년 (2001년) 교육부 고시 148호)

다른 곳의 예배당이 복도가 긴 직사각형인 반면에 이곳은 거의 정사각형의 모양이다. 장식이 많지 않아 소박하면서도 짙은 색의 목조 바닥, 천장, 의자 등에서 경건하고 클래식한 느낌을 받는다. 작은 십자가도 둥근 아치와 흰색의 벽도 모두 소박하고 깨끗하고 단정하다. 일본의 교회는 이런 느낌이구나. 오히려 화려한 교회보다 이런 교회에서 결혼식을 하고 싶다는 생각을 했다. 오히려 나와 너의 약속이 더 정갈해지고 분명해질 것 같은 느낌에. 그 사람과 다시 한번 여기에 서고 싶다는 생각이 들 만큼 클래식한 아름다움이 있는 교회였다.

로쿠류우코우센
오 래 된 친 구 와 오 래 된 목 욕 탕

미리 전화를 드리고 간 덕분에 교회의 안내를 받았다. 특히 내 마음에 들었던 것은 한쪽 구석에 놓여 있던 작은 오르간. 우리가 옛날에 풍금이라고 불렸던 이 작은 오르간은 생김새가 조금 특이했다. 크기는 작고 오래되었지만 고상하고 위엄 넘치는 오라를 풍기고 있었다.

마치 유럽의 작은 마을에 있을 법한 긴 고딕식의 창 덕분에 불을 켜지 않아도 충분한 햇살이 예배당으로 넘쳐 들어왔다. 햇살은 나무로 만들어진 모든 것들에 따뜻함을 더해주었다. 사진을 찍을 때마다 끼어드는 햇살 덕분에 고생을 하면서도 오히려 그 덕분에 따뜻해지는 것을 느꼈다. 밤이 되어 저 큰 창이 모두 완전히 까맣게 되어 저 단순하면서도 선이 살아 있는 샹들리에의 살구색 조명을 켠 장면 또한 보고 싶다.

긴타로 사탕가게

한 개에 150엔. 종이 포장의 느낌이 좋다.

뭔가 사다주고 싶은 사람들에게 '이거 먹어봐'라고 하나씩 건네고 싶은 걸 발견했다. 바로 긴타로 사탕. 이 가게는 다른 책에서 보고 처음 네즈에 갔을 때 찾지 못해서 기억하고 있었는데, 오늘 함께한 일행과 함께 차를 마시고난 후, 나오는 길에 우연히 지나가면서 그냥 발견해버리고 말았다. 너무 쉽게, 찻집 앞에서.

유명한 집이라더니 아저씨는 사진과 취재에 이미 익숙해져 있었고, 내 옆의 교복을 입은 여학생도 사탕을 사고나서는 휴대전화 카메라로 연신 사진을 찍었다. 긴 막대사탕을 이렇게 유리 미닫이를 열고 꺼내도록 되어 있는 것도, 그 상자들이 나란히 놓여 있는 것도, 빈티지 저울에 달아주는 것도, 소품 하나까지도 다 같이 자기 자리에서 함께 이 마을의 분위기를 만들고 있었다.

긴타로 사탕은 긴 막대의 어느 부분을 잘라도 긴타로의 얼굴이 나오는 막대 사탕이다. 20센티미터나 되는 이 사탕을 다 먹을 수나 있을까!

이렇게 유리장 안이 훤히 다 비치도록 보이게 해놓은 걸 보니 옛날 제과점 한쪽에 센베와 함께 팔던 설탕을 엄청 많이 뿌린 젤리들이 생각난다. 종이봉지에 몇 개 넣지 않아도 천 원이 되어버려서 정말 귀한 사탕이었는데 지금은 봉지 가득 담을 수 있어도 너무 달아

서 많이 먹을 수도 없는 옛날의 맛. 나는 특히 수박 모양의 빨강, 초록색 젤리가 좋았다. 직사각형의 막대 모양으로 되어서 한쪽은 쫀득한 하얀색이고 다른 한쪽은 우둘투둘한 빨강색이 반반인 젤리도 맛있었다. 아, 정말 좋아했는데! 아마 사탕을 많이 먹지 않게 된 어른이 되어서도 사탕을 사러 가는 건, 그때의 생각으로 그냥 그때의 기억을 먹는 것이겠다.

문득, 사탕만 파는 것만으로 가게 월세를 낼 수 있을까, 먹고 살수는 있을까 걱정이다. 하지만 조바심을 내지 않고 묵묵히, 화과자 하나를 작은 쟁반에 올려놓고 파는 가게들이 아니었으면 시타마치의 정취도 남아 있을 리 없다.

네즈 타이야키

우리의 붕어빵 같은 타이야키를 그대로 직역하면 도미빵이 된다. 자세히 보면 붕어빵과 모습이 다르다. 한 개에 140엔 정도 하는데, 우리 돈으로 2,000원 정도다. 일본에 지내다보면 100엔이 조금 비싼 100원 같은 느낌이 들어버려서 동전을 내면서 지금 내가 2,000원을 내고 있다는 생각이 들지 않을 때가 많다. 한국이라면 지폐를 두 장이나 꺼내야 하니까 망설이기가 쉬운데, 마치 100원인 양 떡하니 100이라고 쓰여 있는 동전은 술술 잘도 빠져나간다. 이건 2,000원이야, 라고 생각하면 막상 또 아무것도 할 수 없으니, 엔은 엔. 원은 원. 여행에선 현실감각이 좀 떨어지는 게 심장에 좋다.

아침부터 줄을 서서 사가는 이곳은 다른 유명한 곳과 마찬가지로 재료가 떨어지면 장사를 그만한다고 한다. 오늘 나무 욕조를 만드는 장인의 가게로 가는 길에 나는 이 타이야키를 선물로 샀다.

접시에 담아낸 타이야키는 꽤 크기가 크고 꽉 채운 단팥은 달콤하다. 우에노 공원의 국제어린이도서관 쪽 출구로 넘어가면 타이야키를 손가락 하나 크기의 미니 사이즈로 만들어 파는 곳도 있다. 미니라고 해도 전혀 가격이 저렴한 것은 아니지만, 산책을 좀 멀리할 작정이라면 두 종류를 다 먹어보는 것도 재미있을 것이다.

어떤 간식들은 계절은 알려준다. 날씨가 추워지면 어김없이 슈퍼 앞에는 김이 나는 호빵을 담은 원통형 플라스틱 용기가 나와 있다. 붕어빵이랑 고구마도 곧 등장하고 호두과자도 나온다. 실컷 먹었다 싶을 때쯤 되면 추위도 잦아들고 군고구마 통도 같이 자연스럽게 없어지면서 새로운 계절이 오는 것을 의식했다. 그런데 요즘에는 나이가 들어서 겨울이 오는지도 모르게 시간이 빨리 가는가 싶었더니, 이렇게 계절을 구분해주는 것들이 예쁜 포장박스에 담겨서 사계절 구분 없이 우리와 같은 시간을 살고 있기 때문에 반대로 우리는 계절감각 없이 비슷한 시간을 보내고 있었던 거였다.

오늘도 작업하느라, 땀을 뻘뻘 흘리신 욕조 만드는 아저씨와 도미빵을 먹고 있으려니, 우리가 입고 있는 반팔과 샌들과 따끈한 이 도미빵과의 조합이 나에게는 영 어색하지만, 일본에서는 겨울보다 여름에 목욕탕을 더 많이 가는 것처럼 도미빵도 여기서는 사계절 관계없이 그저 맛있는 팥이 들어 있는 간식일 뿐이라는 사실을 생각하니, 똑같은 사물에 대해 두 나라가 보여주는 모호하게 엇갈리는 '당연한 것들'을 이야기해보는 것도 흥미로울 거라 생각했다.

수제 목욕탕 전문점, 이토후로텐

아저씨의 가게에 가면서 타이야끼를 포장했다. 네 마리에 1,000엔이니까 지금 환율로 계산하면 13,000원인 셈이다. 우리나라에서는 1,000원에 두 마리를 먹는데 말이다. 잉어빵을 두 마리씩 포개어 사이사이에 기름종이를 넣고 포장해서 로고가 그려진 포장지에 싸준다. 포장지만 모으는 사람들이 있을 정도로 포장을 중요하게 생각하는 것 같다. 이 타이야키 집도 폐장하기 훨씬 전에 다 팔려버리거나 줄을 길게 서는 곳이라고 하니, 몇 개 사지도 않는 주제에 아저씨가 같이 먹자고 했으면 좋겠다고 생각했다. 흐흐.

네즈에는 오랫동안 먹을거리를 만들어온 분들도 계시지만 인형을, 그릇을, 그리고 오후로(욕조)를 만드는 장인들이 많이 활동하는 동네기도 하다.

내가 목욕탕을 돌아다닌다고 하자 강 선생님이 지휘하시는 합창단에 나무로 욕조를 만드는 장인이 있으니 소개를 시켜주신단다. 텔레비전에도 잘 출연하시지 않는 분이라는데. 등줄기에서 땀이 흐른다. 무슨 질문을 해야 하나. 뭔가 멋진 질문이 없을까.

미야 신이치 씨는 4대째 이 일을 하고 계시고 그의 딸이 계속해서 이어받고 있는 중이다. 물론 따님인 아즈사 양은 시작한 지 이제 5년 정도 되어서 큰 목욕탕은 만들지 않고 작은 오케(桶)(목욕 바가지)를 만들고 있다. 하지만 전통을 이어가면서도 좀 더 현대적인 소품을 만들고 싶어서 와인쿨러나 화분 같은 작품도 만들고 있다고 한다.

가게 안은 지방에서 가져온 히바라는 나무와 히노끼 등 나무 판들이 가득하고, 작업실에는 두 사람이 겨우 앉을 수 있도록 못과 망치들로 빽빽하게 채워져 있어서 사방이 나무색, 나무냄새였다.

우리는 한쪽에 걸터앉아 이야기를 나눴다. 나무의 종류도 중요하고 나뭇조각 하나 어긋나지 않게 맞추는 기술도 중요하다. 이런 수제 목욕탕은 나무로 만들어서 오히려 통풍이 잘 되는 곳에 두면 세제를 사용하지 않아도 되고 길이 들고 소중히 다루면 아주 오래 사용할 수 있다. 더구나 나무의 온기를 느낄 수 있다는 것이 중요한 장점이다.

가장 신기했던 것은 이렇게 딱딱한 판자가 둥그런 모양을 하고 있

다는 것이다. 이런 둥근 모양 덕분에 나무가 부드러운 느낌을 가질 수 있는 것이다. 나무색에 더해 이런 따뜻하고 부드러운 온기를 느낄 수 있다니, 이런 나무 욕조에 물을 받아 담그면 마음도 나무색처럼 따뜻하고 부드러워질 것이 분명하다.

사실 나는 장인인 아버지보다 이상하게 아즈사 씨에게 자꾸 관심이 갔다. 머리에 두르고 있는 남색의 테누구이에 잘해보겠다는 어떤 의지가 굳건하게 보이는 것이 마음이 가는 것이다. 이제 막 시작한 제자의 어떤 투지 같은 것. 자신만의 도전을 위해 현대적인 소품을 시도하는 것도 그렇고 아버지에게 대를 이어 오는 것이지만 자신만의 길로 만들어가려는 노력이, 단단하게 자기만의 향을 내는 히노끼 나무처럼 근사해 보였다.

이곳에서 우리가 살 수 있는 것은 사실 없다. 작은 바가지가 너무 예쁘고 나무 향이 좋아 가격을 물어봤더니 2만 엔이다. 그래서 "이렇게 히노끼로 만든 수제 바가지는 누가 사용하나요?"라고 물으니 나무의 향을 좋아하는 개인이 주로 구입한다고 한다. 목욕탕에서는 이렇게 수제로 만든 바구니는 구입할 수가 없고 요즘에는 다들 플라스틱으로 만든(바로 그 케로린 바가지) 것을 사용하는데 그나마 나무로 만든 바가지도 공장에서 기계로 만든 거라고 한다.

기계가 발전하고 더 살기 좋게 되었다고 해도 오히려 그래서 우리는 이렇게 손으로 만든 것들을 사용해 볼 기회마저 잃고 있으니 정말로 살기가 더 좋아졌다고 해야 하는 건지 모르겠다. 가끔 비슷한 생각을 한다. 싼값에 비슷한 물건들을 만들어내는 것이 정말 더 좋아지는 건지, 그래서 정작 좋은 물건을 계속 만들어가기가 어려워져서 어떤 사명감 없이는 그것을 계속 만드는 것이 의미 없어져버리는 세상이 정말 더 살기가 좋아지는 것인지 말이다.

로쿠류우코우센
六 龍 鉱 泉

주　　소 | 다이토 구 이케노하타 3-4-20 (台東区池之端 3-4-20)

전화번호 | 03-3821-3826

영업시간 | 15:30~23:00

휴　　일 | 매주 월요일

요　　금 | 성인 450엔

가는 길

치요다 선 네즈 역에서 걸어서 10분.

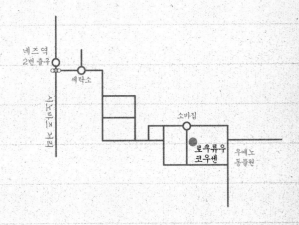

이런 골목 끝에 목욕탕이 있을 거라고 생각이나 할 수 있을까?
숨어 있는 목욕탕을 찾으러 골목 탐험 시작.

쟈
코
즈
유

뒷골목 숨은 목욕탕 찾기

골목에 있는 쟈코즈유를 찾은 건 순전히 운이 좋아서이다. 골목 안쪽에 숨겨진 이 온천은 에도시대부터 있었지만 아직도 그 골목 안에 숨어 있기 때문에 지도를 잘 보고 가야 한다. 바로 앞 대로에 센소지를 가기 위해 엄청나게 많은 수의 관광객이 걸어가고 있어도 여기 이 뒷골목까지 오는 사람은 많지 않겠지. 쟈코즈유로 가는 길에는 'ROX'라는 큰 쇼핑센터와 슈퍼센토도 있지만, 숨은 골목의 온천 목욕탕에 가보는 것도 흥미로울 것이다. 외국인들이 특히 많이 오는 관광지인 아사쿠사에 있어서 그런지 내가 갔을 때도 목욕탕 앞에서 외국인 남녀가 배낭을 멘 채로 햇살 아래서 책을 읽고 있었다. 목욕을 하고 나온 건지, 그저 이 골목이 좋아서인지는 알 수 없지만 이렇게 멋들어진 노렝 밑에 햇볕을 받으며 앉아 있는 것도 충분히 여행이지 싶다.

쟈코즈蛇骨라는 이름은 해석하면 "뱀의 뼈"라는 좀 으스스한 뜻
이다. 이름의 유래는 시시하게도 에도시대에 이 부근에 장인이 살던
쟈코즈 연립주택이 있어서라고 한다. 그 연립주택이 유명했던 모양인
데, 그 시대부터 있어온 목욕탕임을 반영하는 이름인 것이다. 목욕탕
의 이름은 보통 학이나 거북이 같은 행운과 장수를 상징하는 것과,
아침 해(아사히), 일출(히노데), 후지산 같은 자연경관과 관련된 것이 인
기가 많다. 가장 수가 많은 이름은 소나무, 그 다음으로 매화, 두루
미, 거북이, 후지등의 이름이다.

드르륵 문을 열고 들어가니 운영하는 가족이 이미 바닥부터 깨끗
이 청소해놓고 회의를 하고 있었다. 아직 영업을 시작하기 전이라 가
족들과 천천히 이야기를 나눌 수 있었다. 할머니부터 주인아저씨 내
외, 그리고 따님도 있었는데, 따님이 한국드라마를 좋아하는 바람에

여자들끼리 한참이나 수다를 떨게 되었다. 아주머니는 한국여자들은 왜 그렇게 피부가 좋으냐고 물어서,

"음, 아마도 때를 밀어서가 아닐까요?"라고 제법 진지하게 답을 찾아드렸다.

쟈코즈유는 모든 욕조가 온천이다. 앉는 곳도, 샤워도 온천이 나오는 것. 온천을 사용하는 경우에도 욕조만 온천을 받고 샤워와 수도꼭지는 수돗물을 사용하는 곳도 있다. 그것은 용출량(온천이 나오는 양)에 따라 가능한 것인데, 여기는 용출량이 풍부해서 노천탕, 샤워, 욕조 모두 온천을 사용하고 있다. 문을 열기 전 사진을 찍기 위해 목욕탕을 둘러보았다.

입구는 작아 보였는데, 노천탕(바로 빌딩이라 하늘이 보이지 않는 것은 아쉽지만)도 있고, 그 옆으로 작은 연못에 무려 폭포도 있다. 모든 시설은 훌륭하게 리뉴얼 되어서 청결하고 현대적인 느낌이지만 곳곳의 노렝이나 나무로 짠 의자, 또 이렇게 옛날 스타일의 노천탕이나 연못이 만들어내는 어떤 정취가 있다.

쟈코즈유에서의 온천도 좋지만, 목욕이 끝나면 아사쿠사의 시끌벅적한 카미나리몬으로 가 빙수라도 먹으면 좋겠다. 개운해진 기분으로 골목을 탐방할 기운이 생겼다면 구석구석 누벼보자. 나카미세는 언제와도 북적북적하고, 갓파바시도오리에는 모두 챙겨가고 싶은 그릇들이 잔뜩 있는 도매상이 줄지어 있다. 여름이면 여름대로 겨울이면 겨울대로. 아사쿠사를 구경하다보면 또 금방 땀이 날지도 모르지만, 그냥 돌아가긴 섭섭하니까.

목욕탕을 나서면서 언제나 같은 질문을 한다. 처음 여행을 시작하며 물었던 것이라 어디를 가도 꼭 물어본다. 똑같은 대답이 오면 "으응, 역시!", 그리고 새로운 것이 등장하면 "오오!"라고 추임새도 넣으면서.

"여기서는 다들 목욕을 마치고 무얼 마시나요?"

젊은 따님은 할머니 쪽을 돌아보면서 물었다.

"역시, 커피 우유죠? 커피 우유."

프런트에 앉아 있던 아주머니는 "그럼, 그럼" 하고 고개를 끄덕인다.

우리나라에서는 단단한 삼각봉지에 담겨 있는 커피 우유가 여기는 유리병에 들어 있다.

"커피 우유 하나 주세요."

"하나 그냥 마셔요."

"아, 괜찮습니다. 돈 내고 마실게요"라고 했지만 아주머니는 한사코 그냥 주길 원했다. 그날은 정말 사람들이 죽어나갈 정도로(이 여름에 일본에서는 폭염으로 노인을 포함, 거의 백 명이 되는 사람이 사망했다) 더운 여름이었는데, 수건을 둘러메고 목욕탕 여행을 하는 외국인이 기특해 보인 건지 아니면 내가 한국여자들의 피부 비법을 알려드려서인지는 모르겠다. 내가 그 병우유를 다 마신 후 버리지 않고 가져간 것도 병이 귀여워서인지 아니면 아줌마 마음이 고마워서인지 잘 모르겠다.

병우유의 규칙

어렸을 때 목욕탕에 가면 규칙이 있었다. 쌍둥이였던 나와 동생을 먼저 씻겨 내보내면서 엄마는 당신의 손목에 차고 있던 목욕탕 열쇠를 주셨다. 그러면 우리는 그것을 거실에 앉아 있는 아주머니께 돈 대신 드리고 냉장고에서 삼각형 봉지에 들어 있는 커피 우유를 꺼냈다. 아주머니는 한쪽을 가위로 잘라주고 우리는 엄마가 나올 때까지 그것을 입에 물고 돌아다녔다. 사실 그 우유는 지나치게 달고 느끼해서 다 마시고나면 물이 필요했지만 이상하게 목욕탕에 가면 꼭 마셔야 하는 것으로 생각했다.

"목욕하고 난 후에는 봉지우유지"라고.

커피맛 봉지우유가 개인적인 추억이라면 일본에는 좀 더 전국민적인 규칙이 있다. 일본어로 막 목욕을 마치고 탕에서 나온 상태를 유아가리湯上り라고 하는데, 땀을 듬뿍 흘린 유아가리 후에는 수분을 섭취해야 하지만 이왕이면 영양가 있는 우유를 마시는 것이다. 그리고 허리춤에 왼손을 얹고 오른손으로 단숨에 우유를 들이키는 포즈는

법으로 정해진 것이라고 농담을 할 만큼 모두가 똑같이 기억하는 상징적인 장면이다.

그리고 목욕탕에서 마시는 우유는 병에 담긴 것이어야 한다. 병을 회수하는 것이 어려워 마트나 슈퍼에서는 좀처럼 팔지 않아 먹을 수 있는 곳이 많지 않기 때문에, 목욕탕에 가면 병우유를 마신다는 자체가 그리운 추억을 마신다는 느낌을 받았다.

대부분 안이 들여다보이는 작은 업소용 냉장고에 우유 몇 개, 다른 음료 몇 개를 두고 있지만 시미즈 온천 같이 손님이 많고 큰 목욕탕에서는 병우유 자판기도 볼 수 있다. 그래도 목욕탕이라고 병으로 된 우유를 마시고 싶어 하는 손님들을 위해 만들어진 것 같은데 다른 캔음료처럼 툭 떨어뜨리면 병이 깨지지 않을까 싶지만 살짝 내려놓는 기술이 놀라울 뿐이다. 하긴 꽃다발 자판기도 있는 마당에 병우유 자판기쯤이야! 나도 자판기를 좋아하긴 하지만 목욕탕에서는 열쇠를 맡기면서 음료를 바꿔 먹는 맛이 있는데, 이곳마저 자판기라니 좀 아쉽다. 일본사람들도 "아주머니 커피 우유 하나요", "100엔이야"라고 말을 건네던 시절이 더 좋을 텐데 말이다.

아무것도 아닌 것처럼 보이는 그런 장면들이 목욕탕을 기억하는 추억이 되는 것이다. 나중에 기억에 남을 대화도, 손목에서 열쇠를 빼면서 냉장고로 갔던 기억 같은 것도 없이 자판기에 동전을 넣는 기억이 전부라면 그들에게도 병우유는 더 이상 특별한 목욕탕 음료가 아닐 것이다.

하지만 아직까지는 모두 알고 있다. 심지어 더 이상 목욕탕에 가지 않는 사람들도.

목욕탕에 간다면 충분히 땀을 낸 후 왼손을 허리에 대고 병에 든 우유를 듬뿍 몸에 담아주는 순간에야 건강한 목욕이 완성된다는 사실.

그게 커피 우유든, 딸기 우유든 간에.

목욕한 후의 이 맛!
좀 더 폼 나게, 발꿈치도 들어주자!

"요즘은 과일 우유도 많이 마셔요. 이것도 맛있지."
먹어보라고 그냥 건네온 과일 우유는 어떤 맛일까?
각각 다른 색깔 병뚜껑이 귀엽다.

쟈코즈유
蛇骨湯

주　　소 | 다이코 구 아사쿠사 1-11-11 (台東区浅草 1-11-11)

전화번호 | 03-3841-8645

영업시간 | 13:00~24:00

휴　　일 | 매주 화요일

요　　금 | 성인 450엔 | 사우나 별도 200엔

가는 길

도쿄메트로 다와라마치 역 3번 출구에서 걸어서 5분.

도에이아사쿠사 선 아사쿠사 역 A1 출구에서 걸어서 10분.

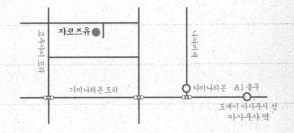

"오늘은 아무것도 챙겨오지 못했는걸요."

"그럼 그저 물에 담그고 나오는 것만으로도 좋지 않겠어요?"

이치요유一葉泉는 일본 여류 문학가 히구치 이치요樋口一葉의 이름을 따서 지은 이름이다. 그녀는 일본의 5,000엔짜리 화폐에 그려져 있는 여성으로 24세의 나이로 요절했지만 「섣달그믐날」(1894), 「키재기」(1895~1896), 「탁류」(1895) 같은 작품을 발표하여 일본 근대문학에서 중요한 위치를 차지하는 인물이다.

이 지역은 이치요가 생활고를 이기기 위해 과자를 파는 가게를 열었던 장소기도 하고(현재 그 자리에 '구립 이치요 기념관'이 있다), 그녀의 작품 중 「타케쿠라베たけくらべ」의 무대가 되기도 한 동네이다.

목욕탕은 기념관의 근처에 있기 때문에 기념관을 먼저 찾으면 쉽다. 목욕탕의 건너편에는 이치요센베一葉煎餅라는 이름의 쇼와 27년(1952년)에 창업한 오래된 센베 가게도 있었다. 이 근처는 모두가 이치요의 이름을 따서 사용하고 있는 듯하다.

하지만 목욕탕 안에는 특별히 그녀의 자취가 남아 있거나, 그녀를 기리는 물건이 있는 것은 아니다. 소시가야나, 다카다노바바처럼 그저 그 지역에서 유래한 것에 애착을 갖는 정도인 것 같다. 이름이 이치요인 것만큼 목욕탕에서도 좀 더 연관성 있는 모습을 볼 수 있으면 훨씬 흥미로울 텐데, 조금 아쉽다.

사실 이치요가 화폐에 등장한 2004년에는 이치요 붐이 일어서 발행일에도 네다섯 명이었던 기념관의 방문자 수가 다음날 급승하여 하루 40~50명이 찾아올 정도였다고 한다. 그만큼, 이치요의 이름을 딴 목욕탕에서도 그런 것을 활용하면 좋지 않았을까 한다.

영업을 시작한 지 오십 년이 된 지금은 주인이 아닌 다른 분이 임대해서 운영하고 있었다. 프런트에 앉은 아저씨는 "그래도 이 오십 년 중에 대부분을 내가 있었는데, 상이라도 타면 주인이 받고 말이야"라며 서운해 하는 기색이었다. 오십 년이 된 이 목욕탕은 정말 레트로 스타일이었다. 거실에 있는 빨간색 벨벳 소파나, 그 위에 걸쳐놓은 레이스 장식, 아주 오래전에 받아서 걸어놨을 법한 코카콜라 시계 등 구석구석 서로 어울리지 않을 것 같은 장식들이 특이한 분위기를 풍기고 있다. 밤이어서 그런지 오래된 영화 세트장 같은 초현실적인 분위기도 났다. 들어오는 입구에는 20m 정도의 작은 통로를 만들어서 자전거를 세울 수 있도록 했다. 특이하게도 벽에 페인트 그림이 그려져 있다. 목욕탕 안에도 있지만, 바깥 벽까지 그림이 있는 것

은 드물다. 일본 블로거들 중에는 페인트 그림을 보기 위해서 목욕탕을 순례하는 사람들도 있기 때문에 이렇게 입구에 그려진 것만으로도 방문할 가치가 있다고까지 이야기한다.

목욕을 하고 가라고 해서 "오늘은 아무것도 못 들고 왔어요"라고 하니 "그럼, 그냥 담그고 나오는 것으로도 좋지 않겠어?" 하면서 다녀오라고 수건까지 챙겨주셨다. 많이 늦은 시간이었지만, "그럴까요?" 하고 수건을 받아 들었다.

탕에 들어가자 처음엔 너무 뜨겁게 느껴졌던 물의 온도가 딱 좋게 느껴지면서 이마에 땀이 송송 맺혔다.

"정말, 담그는 것만으로도 충분히 좋구나."

탕 속에 몸을 담그고 사람들이 목욕하는 것을 가만히 보았다. 사실 목욕탕에 가면 항상 때를 밀고 와야 한다는 생각 때문인지 몸을 담그기만 하는 것은 역시 좀 허전하다. 일본사람들은 목욕시간이 짧다. 씻고 탕에 들어갔다가 나와서 머리를 감으면 끝! 종종 다시 탕에 들어갔다가 나가는 사람도 있지만 짧게는 15분 정도 있는 사람도 있는 것 같다. 돈을 내고 들어와서 씻고만 가면 좀 아깝다는 생각이 들 정도로 허전한 목욕이다. 앞에서 말했듯이 일본사람들은 목욕에 대한 인식이 다르기 때문에 집에 있는 작은 욕조가 아닌 커다란 욕조에 몸을 담그고 가는 것에 의의가 있는 것이다.

누군가 쓴 '튀김도 큰 냄비에 튀겨야 맛있다'라는 글이 생각나서 웃었다. '목욕탕 입문'이라는 제목의 그 글에서는 목욕탕을 왜 가야 하는지 거창하게 설명하면서 튀김의 예를 들었는데, 큰 냄비는 기름의 양이 많기 때문에 재료를 넣어도 온도가 내려가지 않는다는 것이다. 집에 있는 작은 욕조에는 자기 혼자만 들어가도 온도가 변하고 욕실 온도 때문인지 금방 물이 식지만, 목욕탕의 욕조는 크기 때문에 온도가 잘 내려가지 않는다는 것. 확실히 몸을 데우는 것에 초점이 맞춰진 생각이다.

목욕을 다 마치고 나오니, 아니 그저 한참을 담그고 나와보니 새까만 밤이 되었다. 나도 세워둔 자전거가 있으면 좋으련만……. 자전거를 달려 가까운 집으로 들어간다면 그야말로 동네 목욕탕일 텐데. 하지만 마음만은 여유롭게, 전철역을 향해 걷기 시작했다.

이 치 요 유 센
一 葉 泉

주   소 | 다이토 구 류센 3-17-11 (台東区竜泉 3-17-11)

전화번호 | 03-3872-8212

영업시간 | 15:00 ~ 23:30

휴   일 | 매주 월요일

요   금 | 성인 450엔 | 사우나 별도 200엔

가는 길

도쿄메트로 히비야 선 미노와 역에서 걸어서 10분.

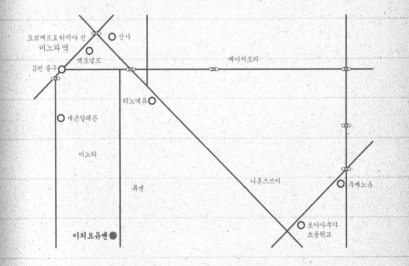

히노데유는 탕 한쪽에 수족관을 만들어 벽에 넣었는데,
탕 안에서 정원의 느낌을 살린 것이라고 한다. 이럴 수가. 정원이라고?

히노데유는 전통적이고 엄숙한 외관을 하고 85년이나 된 목욕탕이지
만, 안에서 만난 주인아주머니와 딸은 그야말로 활기찬 신세대 모녀
였다. 한국에서 왔다고 하니, 목욕탕 이야기보다는 어느새 동방신기
이야기로 흘러가고 말았다. 딸만 팬인 것이 아니라 아주머니도 동방
신기의 팬. 사진을 찍자고 하니 "역시 같이 찍어야지!"라면서 동방신
기의 사진이 그려진 부채를 들고 나오셨다.

영업시간이 한참 지났는데도 손님이 몇 없어, "여름이라 손님이 없
나봐요?"라고 물었더니 사실 일본의 목욕탕은 여름에 손님이 더 많
다고 한다. 추우니까 겨울에 따뜻한 물에 들어가고 싶을 것 같지만,
일본의 목욕 문화는 사실 여름철 습한 기후와도 연관이 많아서 하
루에 두 번 목욕을 하는 것도 예사라고 한다.

몸을 담그는 것이기 때문에 한참을 씻는 우리만큼 목욕에 대한 부담감도 덜하고, 알몸에 대해서도 좀 더 관대한 듯하다. 아케보노유에서는 여탕 안으로 남자분이 수리하러 들어와도 누구 하나 놀라지도 않았고, 벗은 몸으로 반다이의 아저씨에게 물 온도를 낮춰달라는 이야기를 하는 아주머니도 볼 수 있었으니 말이다.

목욕탕 안으로 들어갔다. 잘 보면 욕조가 네 개로 나눠져 있다. 맨 왼쪽이 냉탕일 것 같지만 냉탕이 없다. 아쉽지만 일본은 목욕탕에서 냉탕을 쉽게 찾을 수 없다. 주로 사우나를 갖춘 목욕탕에만 냉탕이 있다. 하지만 앞서 나온 하수누마 온천의 경우처럼 냉탕이 있어도 한

히노데유
목욕탕 모녀의 동방신기 사랑

사람이 앉을 정도로 작다. 사우나 역시, 목욕비에 사우나 사용이 포함되어 있는 우리나라와 달리 200엔(우리 돈으로 2,500원 정도)의 추가 비용을 내야 한다. 냉탕도 없는데 사우나까지 돈을 내야 하다니, 더구나 남자들의 경우 수건도 주지 않아 사야 하니 일본의 목욕탕에 가면 남자들은 더 각박하다고 느낄 수 있겠다.

작은 목욕탕의 경우는 탕이 하나거나 두 개 정도고, 요즘에는 같은 온도의 물을 공간만 나누어 기포가 나오는 시설을 설치하는 쪽으로 바뀌고 있다. 소시가야 21처럼 아예 수영장을 따로 만드는 곳도 있지만 이 또한 따로 사용료를 내거나 사우나를 이용해야 하는 조건이 붙는다.

히노데유는 탕 한쪽에 수족관을 만들어 벽에 넣었는데, 탕 안에서 정원의 느낌을 살린 것이라고 한다. 이럴 수가. 정원이라고? 아무리 작은 목욕탕이라도 목욕을 하면서 갖출 것은 다 갖추고 싶었나보다. 특히 작아서 무릎을 다 피지도 못하는 일본 가정의 욕실 위에 후지산 포스터를 붙이는 사람이 많은 걸 보면, 탕에 담그고 있는 동안의 정서적인 느낌을 다른 어떤 것보다 중요하게 생각하는 것 같다. 이런 디테일한 부분이 눈에 띄면, 반사적으로 우리 목욕탕은 어떻지? 라고 생각하곤 했는데, 아무래도 우리의 경우에는 '깨끗이 씻는 것'에 초점이 맞춰져 있어, 몸을 불리기 위한 전초전에 사용하는 시설들, 뜨거운 탕과 사우나가 중요한 것 같다. 또 개인별로 앉아서 넉넉한 시간 동안 때를 밀어야 하므로 점점 크고 넓어지는 데다 찜질방과

같이 운영하지 않으면 손님이 오지 않으므로 순수한 목욕탕은 거의 찾아보기 힘들다.

'나는 어느 쪽이 좋다'라기보다는 한국이든 일본이든 깨끗한 목욕탕이 좋다. 깔끔을 떨겠다는 게 아니라, 한국에서는 가끔 시설을 위한 시설인 경우가 더 많은 것 같아서 눈살이 찌푸려지기 때문이다. 시설을 늘리는 대신 청소는 하지 않기로 했는지 미끄덩하면서 물때를 밟으면 이제껏 열심히 씻은 것을 모두 허탕친 것처럼 찝찝하다. 한번은 목욕탕에 갔더니 24시간 운영이라고 쓰여 있어서 '그럼 청소는 언제 하지?'라고 생각했는데, 찜질방과 같이 운영하고 있어서 잠깐 자고 나왔더니 '청소중'이라고 붙여놓고 거의 바가지를 정리하고 물을 뿌리는 정도여서 너무한다 싶었다. 물론 아주 깨끗하게 청소하는 곳도 있다. 옛날에 단골로 다니던 동부 목욕탕은 언젠가 내가 옷을 갈아입을 때쯤 청소하시는 것을 보았는데, 탕이며 바가지며 온통 욕실이 비누거품으로 열심히 씻으셔서 아이고 힘들겠다고 생각하면서도 다음 주엔 일찍 와서 깨끗이 씻은 탕에 먼저 들어가야겠다고 생각했던 기억이 난다. 그때가 10년 전 쯤이니까, 일본의 목욕탕들은 10년 전에 끝나는 시간이 있었던 그때의 우리 목욕탕들과 닮아 있는 것 같다. 시작하고 끝나는 시간이 있고, 영업을 준비하고 마치고 치우는 시간이 있고, 그 앞뒤로 청소하는 시간이 있다는 것이 좋은 것 같다. 24시간씩 하지 않아도 좋으니까, 작더라도 상쾌하게 씻으러 가는 공간이 되어주었으면 한다.

:01 :02

01:**동방신기를 좋아하는 활기찬 모녀** 목욕탕은 한류를 좋아하는 아주머니들의 정보교환 장소도 된다고 한다. 좋아하는 배우의 드라마의 DVD를 구해 서로 돌려본다고. 02:**반다이긴 하지만 프런트식으로 약간 개조한 스타일** 위치가 높지 않고, 옆에 칸막이가 있다. 칸막이 옆으로 앉으면 탈의실 안이 잘 보이지 않도록 개조한 것 같다. "그래도 보려면 보이겠는데요"라며 농담을 건네자, 여자만 앉아 있으니 괜찮다고 넉살 좋게 받으신다.

히 노 데 유
日 の 出 湯

주   소 | 다이토 구 미노와 1-15-12 (台東区三ノ輪 1-15-12)

전화번호 | 03-3872-0671

영업시간 | 15:00 ～ 24:00

휴   일 | 매주 수요일

요   금 | 성인 450엔

가는 길

도쿄메트로 히비야 선 미노와 역에서 걸어서 6분.

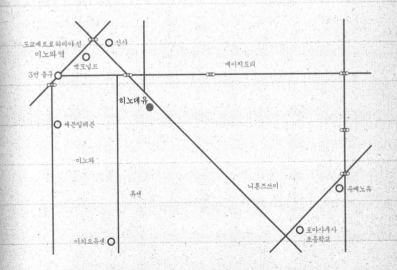

아저씨도 모르는 사이에, 자신도 모르는 사이에 그들은
나란히 함께 지켜가고 있는 것이다. 100년 된 목욕탕을.

우메노유는 지금의 주인아저씨가 3대째로 100년 정도 되었다고 한다. 아저씨도 일을 시작한 지 이제 40년 정도가 된다고 하는데, 들어오고 나가는 손님들이 모두 아저씨를 잘 아는 듯했다. 건물은 50년이 넘었지만 10여 년 전에 리뉴얼하면서 지금의 타일 그림으로 바꾸었고, 반다이가 아닌 프런트로 바꾼 지도 꽤 오래됐다고 했다.

"도난 방지를 위해선 반다이가 좋겠지만, 이제는 로커도 있고 보이지 않는 것이 이쪽에서도 편하다"면서 무언가 그동안 반다이에 앉아서 여성들에게 들었던 오해 섞인 불만들에 하지 못했던 말을 한마디 툭 던지는 듯했다. 저는 아무 말도 안했다고요.

옛날에 만들어진 목욕탕답게 노천탕도 있고, 정원도 있지만 내 눈에 들어온 것은 여탕으로 들어가는 입구에 한가득 붙어 있는 사진들

이었다.

대부분 아사쿠사의 랜드마크인 스카이트리スカイツリ를 찍은 사진이었는데, 왜 이 사진이 많으냐고 물어보니 손님들이 찍어다준 선물이라고 했다.

"왜 여기 목욕탕 사진도 아니고 이 사진을 이렇게나 많이 찍어주셨을까요?"

"뭐, 멋진 풍경이라서 찍어다준 것 같은데."

궁금해하면서 옆으로 시선을 옮기자 찬장에는 인형, 손으로 접은 학 장식, 손으로 만든 것 같은 장식품들이 들어 있었다.

"이것들도 전부 손님들이 만들어 선물해준 거예요."

아저씨는 프런트 쪽으로 오라고 손짓했다. 아저씨 뒤로 걸려 있는 '우메노유'라고 쓰인 나무 현판을 꺼내면서 말했다.

"이것도 손님 열 명이서 돈을 모아 만들어준 거야"라며 뿌듯하게 웃어 보이셨다.

"와, 비싸 보이는데요."

"그럼 비싸지."

왜 이런 걸 만들어주었을까. 퍼뜩 처음 목욕탕 탐방을 시작했을 때가 떠오른다. 매일 오는 손님이 있다며 놀라는 나에게 "요즘 누가 욕조가 없어서 목욕탕에 매일 오겠어? 센토가 좋아서 오는 거지"라고 말했던 아저씨의 말이 떠올랐다.

사람들은 사진을 찍어다주고, 학을 접어다주고, 현판을 만들어주고, 돈을 내고 이용하면서도 '고맙다'고 말하며 나간다. 나는 센토가 마을에 있어 어떤 의미인지 묻지 않아도 알 수 있을 것 같았다.

스카이트리의 풍경이 멋져서 찍어다주었을 수도 있다. 하지만 사람들은 이 도시의 랜드마크인 스타이트리처럼 이 동네에 있어서 우메노유는 그만큼이나 중요한 존재라고 자신도 모르는 사이에 표현하고 ,아끼는 것일지 모른다. 아니면 자기가 좋아하는 것을, 찍은 풍경 사진을 나눠주고 싶은 사람은 먼 친척이 아닌 매일 오는 목욕탕의 아저씨일지도 모른다.

아저씨도 모르는 사이에, 자신도 모르는 사이에 그들은 함께 지켜가고 있는 것이다. 100년 된 목욕탕을.

우 메 노 유
梅 の 湯

주　　소 | 다이토 구 아사쿠사 2-18-9 (台東区東浅草 2-18-9)

전화번호 | 03-3872-4377

영업시간 | 14:00-24:00

휴　　일 | 매주 월요일

요　　금 | 성인 450엔

가는 길

도쿄메트로 히비야 선 미노와 역에서 걸어서 10분.

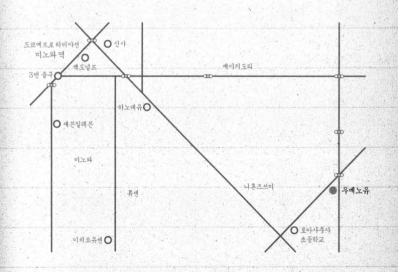

Part 8

신주쿠 구

가장 힘든 것이 무엇이냐고 물어보니 '청소'라고 대답하신다.
"이거야말로 체력 승부지." 연신 고개를 끄덕이면서.

아타미유 두고 봐야 알 수 있는 것

카구라자카는 이미 많은 가이드북에 소개된 유명한 관광지다. 일본 드라마의 로케이션 장소이기도 하고 운치 있는 돌바닥이나, 프랑스식 인테리어의 가게, 캐널 카페와 같이 강 주위를 따라 있는 노천카페 덕분에 요즘 많은 한국 사람들이 방문하고 있다. 하지만 많은 사람들이 카구라자카의 카페들과 가게들 바로 뒤, 이이다바시 역 바로 뒷골목에 있는 아타미유 건물을 목욕탕인지조차 알지 못한 채 지나쳤을 것이다. 처음 아타미유를 발견하고 그렇게 북적이는 큰길과 상관없이 조용하게 반다이에 앉아 손님을 받는 목욕탕에 들어섰을 때, 관광지의 흐름과 전혀 관계없이 언제나 그랬다는 듯 흘러가는 모습이 비현실적으로 보이기까지 했다. 탁, 하고 미닫이문을 닫으니 여기는 그냥 동네 목욕탕일 뿐이다. 샤워 소리, 탕에서 첨벙 나오는 소리,

드라이어 소리. 목욕탕 소리.

오래된 천장과 정원을 둘러보면서 주인아주머니인 요시다 히로시 씨에게 목욕탕을 꾸려나가며 가장 힘든 것이 무엇이냐고 물으니, 이곳도 역시 '청소'라고 답한다.

"이거야말로 체력 승부지"라며 혼자 고개를 끄덕이신다. 아주머니도 앞으로 이 오래된 목욕탕이 어떻게 될지는 모르겠다 하셨다. 처음엔 다른 사람에게 대여해줄까도 생각했지만 아마 체력이 되는대로 조금 더 하다가 그만두지 않을까 한다고. 자녀들이 있지만 샐러리맨이라서 목욕탕 일을 두 분이서 하려니 이제는 꽤나 벅차다고 한다. 타지인의 입장에서는 이렇게 오래된 목욕탕이 더 이상 이을 사람이 없어 그냥 허물어져버린다는 사실이 안타깝지만 정작 당신들은 자녀들에게 이렇게 힘든 일을 물려주기 싫을지도 모른다.

아타미유
두 고 봐 야 알 수 있 는 것

"그럼, 이 목욕탕 건물은요? 이렇게 멋진데."

"그렇죠? 참, 아깝죠? 나도 어쩌해야 할지 몰라요. 두고 봐야지."

두고 봐야지, 라고 말하는 것에는 여러 가지 의미가 있는 듯하다. 그래도 자녀들이 일을 좀 하다가 돌아와서 계속 하길 바라는 마음일까, 아니면 자식은 힘든 일을 하지 않았으면 하는 부모 마음일까?

두고 봐야지. 말 그대로 두고 봐야 하는 일이다.

여기도 후지산의 페인트 그림이 그려져 있다. 페인트 그림은 삼사 년에 한 번씩 그림을 바꾸는데, 지금은 후지산이 정중앙에 있지만 남탕에 그리든 여탕에 그리든 간에 항상 들어가도록 하고 있다. 지금 도쿄에서 하는 '100개의 목욕탕 도장찍기' 미션을 수행하면 트로피라도 수여할 줄 알았는데, 그것에 대한 상품은 A4 용지보다 조금 더 큰 후지산 포스터라는 사실을 알았을 때, 그리고 '자신의 욕조 옆에

도 후지산을!'이라는 문구를 봤을 때는 정말 너털웃음이 나올 정도였다. 백 군데나 되는 목욕탕을 다 돌고 받는 것이 겨우 후지산 포스터라니, 한국 같으면 동네 슈퍼에서도 그런 이벤트는 하지 않을 것이다. 그렇게나 후지산이 좋은 걸까.

수도꼭지 두 개 앞에 분홍색 작은 의자가 있다. 정말 작다. 엉덩이가 크거나, 작거나 다 똑같이 저 작은 의자 위에 앉아야 한다. 스르륵 비누로 한번 닦은 의자를 받아서 엄마 옆에 쪼르르 앉는 건 다 커서도 마찬가지다. 몸을 씻으면서 힘들면 "하아" 하고 작은 플라스틱 의자에 앉아 거울을 바라보면서 드는 생각들. 같이 씻겨 나가는 마음의 때.

일요일마다 교회에 가기 전 준비하는 마음으로 토요일에 엄마를 따라갔던 목욕탕에서 돌아올 때면 만났던 어른들이 "목욕탕 다녀오는구나. 아이고 이쁘다"라고 말해주었는데, 저 작은 플라스틱 의자에 앉아 열심히 씻어내는 사이에 나도 모르게 분명 그 마음의 때까지 다 씻겨나간 것을, 그래서 깨끗하게 벌게진 얼굴에 나타나는 것을 어른들이 알아본 것이 아닐까.

이제는 마음에 덕지덕지 붙은 것들이 여간해서는 떨어지지 않는지, 열심히 씻고 나와도 '목욕탕을 다녀왔다고는 납득이 가지 않는' 얼굴을 하고 있어서 가끔씩은 슬프다.

아 타 미 유
熱 海 湯

주　　소 | 신주쿠 구 카구라자카 3-6 (新宿区神楽坂 3-6)

전화번호 | 03-3260-1053

영업시간 | 15:00~25:00

휴　　일 | 매주 토요일

요　　금 | 성인 450엔

가는 길

유라쿠쵸 선, 난보쿠센 선, JR 중앙선, 이이다바시 역에서 걸어서 3분.

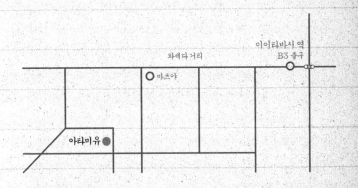

"후지산이 아니라 스위스 마터호른 산이 그려졌군요."

"세계유네라고. 뭔가 세계적인 산을 그리고 싶었거요."

"......네?"

"저기 그려진 산은 어디죠? 후지산은 확실히 아닌데."

"저건 마터호른 산이고요, 다른 쪽은 나이아가라 폭포예요."

"특이하네요, 왜 마터호른 산을……?"

"세계유니까요. 뭔가 세계적인 내용을 담고 싶었어요."

"……네?"

아무리 생각해도 엉뚱한 대답을 너무 진지하게 하셔서 나는 웃을
수도 없었다. 내가 일본어의 미묘한 어감의 차이를 이해하지 못했나,
싶어서 "음음……" 하며 경청했지만, 탕에 앉아 저 마터호른 산을 아
무리 다시 봐도 생뚱맞고 엉뚱하다. 문을 열기 전에 왔기 때문에 일
번으로 탕에 들어가 혼자 있어서 그런지 몰라도 낯선 마터호른 산과
둘이 있자니, 둘 다 서로 어색해서 다음 손님만 기다리고 앉았다.

곧 들어와 건너편 탕에 들어간 어떤 아주머니가 자기 안방인 양 물을 마구 튀기며 몸을 씻기 시작했다. 물론 대부분의 사람들이 물을 끼얹었지만 그건 몸을 차가운 몸을 데우기 위한 것이지 저렇게 몸을 씻는 정도는 아닌데. 기분이 나빠져서 같은 탕이 아닌데도 탕 밖으로 나와버렸다. 새로 받은 물인데, 속상해라. 때가 둥둥 떠 있는 욕탕에 들어가는 것이 정말 싫은 것처럼. 저런 모습을 보면 공중목욕탕을 소개하는 것 자체가 망설여지기도 하니, 탕 안에서 불은 때는 그 안에서 밀지 말고 잘 달래서 데리고 나오도록 하자.

매너를 그다지 중요시하지 않는 슈퍼센토가 보급되고, 심지어는 목욕탕에서도 반다이가 줄어들고 프런트 형식이 주류를 이루고 있는 가운데, 목욕탕에서 예의라는 것을 가르치는 장소는 거의 없어지고 있다는 이야기를 들은 적이 있다. 예전에는 반다이에 앉아서 양쪽 아라이바(씻는 곳)가 보이니까 매너가 좋지 않은 사람에게 주의를 주기도 했고, 모두가 함께 씻는 곳이니까 다들 매너를 잘 지켰는데, 요즘에는 프런트라 내부가 보이지 않는 데다가 반다이에서도 주의를 주면 "내 돈을 내고 내가 씻는데"라는 약간의 이기주의가 생긴 것 같아 주의를 주기가 쉽지 않다고 한다. 심지어 히가시나카노의 마츠모토유의 주인아저씨는 종종 오는 단골 한국 손님들이 꼭 속옷을 목욕탕에서 세탁하길래 주의를 주면, 한국에서는 다 이렇게 한다며 끝까지 하고 간단다.

그 말을 듣고 내가, "어머, 한국에서도 세탁은 하면 안 되는데요!"라고 말하자, "아이쿠, 속았다!"라며 크게 웃었다. 나도 같이 웃었지만 속으로는 여간 창피한 것이 아니었다. 세탁하는 것도 에티켓이 아닌데, 주의를 주는 사람의 말도 듣지 않고 우기다니!

밖으로 나오자 반대로 바닥과 개수대는 너무 깨끗해서 어쩔 줄 모를 정도였다. 깨끗이 청소해놓은 로커룸에서 머리를 빗으니 긴 머리가 사방에 흩어진다. 10초 전에 욕했던 탕 속 아주머니는 될 수 없어서 머리를 빗으면서 계속 머리카락을 주워 담고 떨어진 물까지 닦고 나니, 힘이 들었는지 송송 땀이 나는 게 다시 씻어야 할 것 같다.

바로 옆에는 다카다노바바의 대학교가 있어서 학생들이 많이 온다고 한다. 작지만 칸다천神田川이 흐르고 대학도 있으니 '쇼와시대의 복고풍 분위기여도 좋을 텐데'라는 아쉬움이 있지만 요즘 대학생들이

이용하기 좋으라고 그랬는지, 세계유는 완전히 최신식으로 리뉴얼을 했다. 주택가에 있는 데다가, 기와도 노렝도 없고, 심지어 로비에는 문짝만 한 텔레비전이 있어서, 스포츠 경기를 보며 아내를 기다리는 한국 목욕탕 로비에 와 있는 듯했다.

세계유는 한쪽 벽면에 타일 그림이 있는 것을 제외하고는 한국의 목욕탕과 거의 똑같은 모습이다. 시설도 다 새것이고 너무나 깨끗하고 청결한데 왜 맘이 섭섭할까. 최신의 시설을 갖추어갈수록 모든 나라의 목욕탕이 같은 모습을 하겠구나, 이제 나 같은 사람이 굳이 일본 목욕탕을 찾으러 오는 일도 없겠구나 싶어 마음이 허전했다. 이름이 '세계유'인 목욕탕에서 이런 마음이 들게 되다니, 참 아이러니하다.

주　　소 | 신주쿠 구 다카다노바바 3-8-31 (新宿区高田馬場 3-8-31)

전화번호 | 03-3371-2409

영업시간 | 15:00~25:00

휴　　일 | 매주 목요일

요　　금 | 성인 450엔 | 남탕은 사우나 추가 550엔

가는 길

JR 야마노테 선 다카다노바바 역에서 걸어서 10분.

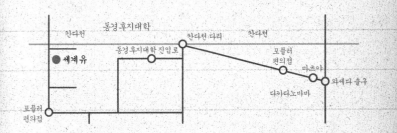

당신은 누구와 함께 벗은 기억이 있는지?

그게 누구든 홋, 하고 웃음이 나는 목욕이 하나쯤 꼭 있기를 목욕탕 여행을 하는 동안 머물고 있는 집의 할머니께서 내가 목욕탕을 돌아다닌다고 하자 "아이구, 나도 목욕탕에 가야하는데" 하면서 나를 부러워하셨다. 한번 같이 가야지, 가야지 하면서도 매일 늦게 들어오는 바람에(그리고 내가 목욕을 하고 오는 바람에) 모시고 가지를 못하다가 하루는 날을 잡았다.

　새벽 1, 2시까지 하니까 오늘은 늦게라도 모시고 가자! 마음을 먹은 것이다. 그래서 그 집에서 함께 지내는 친구와 함께 할머니를 모시고 비 오는 밤 거리를 나섰다. 할머니는 목욕 바구니를(도대체 어디서 나오는 거냐!) 가지고 나오셨고 우리는 가방에 목욕용품들을 챙겼다.

　할머니는 역시나 때수건을 가져오셨다. 나도 때수건을 가지고 갔다. 각자 씻고 몸을 불리고 나와서 앉아 전쟁이 시작되었다. 슬슬 문질러보았지만 이렇다 할 것이 나오지 않아 친구와 나는 탕에나 한 번 더 들어가야겠다고 일어서는데 할머니가 참견하셨다.

"안 나오긴, 미는 법을 몰라서 그래!" 하고 친구의 팔꿈치를 잡아당기셨다. 때를 살살 굴려서 마치 어렸을 때 우리가 '지우개똥'을 만들 듯이 작은 때들을 살살 밀어 모아 큰 때를 만들어 그것을 주축으로 때로 때를 밀어 나가는 것이다. 이 얼마나 지혜롭고 훌륭한 기술인가! 그러한 방법은 특히 팔꿈치나 종아리 뒷면에서 잘 활용된다. 이제 친구의 등으로 옮겨가신 할머니는 "이거 봐, 이거 봐, 안 나오긴 때꾸덩이구만" 하고 혀를 끌끌 차셨다.

나는 바닥에 흥건한 회색의 때들에 놀라 굳이 밀어주신다는 것을 사양하고 얼른 그 때들을 수습하는 데 힘을 썼다. 한국의 목욕탕은 바닥이 대부분 회색이라서 바닥에 떨어진 때가 크게 눈에 띄지 않는데 이곳은 핑크색이나 하얀색의 타일이라서 회색의 때들이 너무 눈에 띈다. 그래서 처음 때를 밀 때는 너무 놀라서 조금 밀고 물을 붓고 또 조금 밀고 물을 붓다가 지쳐서 (물을 받으려면 샤워 꼭지를 꾹 눌러야 해서 바가지에 물을 받는 것이 꽤 힘들다. 물을 많이 쓰지 말라고 이렇게 빡빡하게 해놓았나? 오사카사람들보다 도쿄사람들이 더 구두쇠구만!) 팔만 밀고는 포기했다.

이렇게 때를 좀 밀고나서 탕에 다시 들어갔을 때의 기분은 사뭇 다르다. 하지만 한국에서는 탕이 때를 불리게 해주는 역할을 해주기 때문에 종종 탕 위에 때가 둥둥 떠 있어 다 씻고난 후에는 다시 탕에 들어가기가 꺼림칙한 기분이 들 때도 많다. 하지만 일본에서는 때를 불리는 것보다 좋은 물에 몸을 담그는 것이 목적이므로 실제로 씻는 시간보다 탕에서 보내는 시간이 많고 들어가는 횟수도 꽤 여러 번이다.

그래서 나는 오늘도 때구덩인 채, 좀 더 많은 시간 탕에서 보내기로 하고 약초를 풀어 자주색이 된 탕에 다시 몸을 담갔다. 아직도 밖에는 비가 내린다. 좀 더 몸을 따뜻하게 하고 나가야겠다. 맨날 혼자 목욕을 하러 돌아다니다가 여러 사람이 오니까 집에 온 것처럼 기분이 좋다.

돌아가는 길에 이 마실을 기념하고 싶어 작은 카메라를 꺼내 보았지만 한 손에 우산을 들고 찍은 할머니와 친구의 사진은 젖은 머리를 모두 풀어헤친 데다 흔들리기도 해서 무서울 정도였다. 하지만 그날 정말 여행 말고 목욕만 하러 갔던 때꾸덩이들과 할머니의 마실을 기억나게 해주기에는 충분해서, 이렇다 할 특징도 없었던 토오오쿠유마저 특별한 사람들과 함께 간 특별한 목욕탕이 되어버렸다.

당신은 누구와 함께 벗은 기억이 있는지?

그게 누구든 훗, 하고 웃음이 나는 목욕이 하나쯤 꼭 있기를.

이 태 리 타 월

때밀이는 일본말로 아카스리あかすり 라고 한다. '아카あか'가 더러운 것, 때를 말하고 '스리すり'는 밀다, 비비다 라는 동사를 명사형으로 바꾼 것이다. 나는 일부러 이번 목욕탕 여행에 때수건을 가져가서 때를 밀기도 해보았다.

이태리 타월을 처음 만든 사람은 부산의 김태곤이라는 사람이라고 한다. 그는 이태리에서 수입한 직물을 가지고 새로운 타월을 만들려고 했지만 원단이 너무 껄끄러워 사용하지 못하고 있다가 우연히 목욕탕에서 거친 직물로 몸을 밀면 좋을 것 같은 생각이 들어서 그 원단으로 작은 수건을 만들었고 그것이 그야말로 대히트를 친 것이라고 한다.

쿠수리야薬屋(약국) 같은 곳에서 종종 때수건을 팔고 있기 때문에 일본에서도 얼마든지 구할 수는 있다. 포장지에는 종종 한국의 에스떼(피부관리)를 집에서 경험할 수 있다고 하면서, 마구 밀려나오는 때에 '깜짝' 놀랄 수도 있다고 쓰여 있었다.

토 오 오 쿠 유
東 宝 湯

주 　 소 | 신주쿠 구 신주쿠 7-11-5 (新宿区新宿 7-11-5)

전화번호 | 03-3208-3776

영업시간 | 14:00~26:00

휴 　 일 | 매월 둘째, 셋째, 넷째 주 금요일

요 　 금 | 성인 450엔

가는 길

히가시신주쿠 역에서 걸어서 5분.

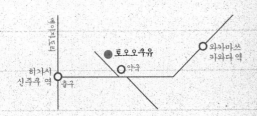

Part 9

나
카
노
구

목욕탕에서 만난 사이는 함께 벗고 씻는 사이이므로
'하다카노 츠키아이(알몸의 교제)'라는 것이다.

거짓말하지 않는 진실한 교제가 가능하다고 믿는다.

마츠모토유 ^{진실한, 알몸의 교제}

진실한, 알몸의 교제

창업한 지 53년 정도 되었고, 3대째 이어받고 있으며 2대가 같이 운영하고 있는 마츠모토유의 젊은 아저씨는 앞으로도 이곳이 이제껏 그런 것처럼 마을에서 모두가 이야기를 나누는 '커뮤니케이션의 장'으로 만들고 싶다고 했다.

목욕탕에 오는 사람들은 함께 벗고 씻는 사이이므로 '하다카노 츠키아이裸の付(き)合い(알몸의 교제)' 즉, 거짓말하지 않는 진실한 교제가 가능한 사이가 될 수 있다는 거다. 앞으로도 모두가 여기에서 이야기를 나누는 것, 그게 바람이다.

53년 동안 든든히 그 역할을 감당한 데다, 인터뷰 마칠 때까지 "우리 손님들, 손님들" 하시는 주인아저씨를 보니 앞으로도 그 역할은 마츠모토유가 너끈히 해낼 것 같다.

청소도 힘들지만 목욕탕은 오랜 시간 영업한다는 점이 참 고되다. 14시에 시작해서 24시까지 영업하고 청소를 하고나면 거의 새벽 4시가 된다. 내가 도착한 시간에도 영업시간 전이라 청소를 하고 계셨는데 이 시간까지 합하면 거의 13~14시간의 노동. 가족이 다 동원되어도 쉽지 않겠다. 그래도 마츠모토유는 3대가 함께 북적북적 일하는 모습이 보기 좋았는데, 얼마 전 부부 둘이서 운영하느라 힘들어 건물을 헐까 생각하시던 아타미유의 주인아주머니가 생각나서 안타까웠다.

내가 영업이 시작하기 전 인터뷰를 마치고 목욕을 하러 들어가는 바람에 본의 아니게 이치방부로(가장 먼저 새 탕에 들어가는 것)가 되었는데, 문을 열자마자 온 아주머니가 내가 탕에 들어가 있는 걸 발견하고는 조금 분해 하는 것 같았다. '어디서 굴러다니던 뼈다귀가!'라는 스산한 눈길을 한번 던지고 옆에 있는 탕으로 들어가셨다.

목욕탕은 아주 깨끗하고 좋았다. 더구나 온천이 아닌 만큼 그만큼의 도움을 주기 위해 여러 가지 허브를 채운다든지, 전기탕 같은 시설을 구비하고 있다.

내가 일본 목욕탕에서 맘에 들었던 것 중 하나는 눈에 잘 보이지 않는 부분이 작은 영업장이나 큰 영업장이나 똑같이 잘 지켜지고 있다는 것이다. 자신들이 지키고 있다고 인지하는 것 같지 않게 융통성 없을 정도 똑같은 일을 열심히 반복해주어서 이용하는 사람 입장

에서는 그런 사람들의 마음이 안심이 된다.

　사실 나는 제트기 목욕, 전기 목욕, 뭐 이런 목욕탕 안의 시설에는 큰 관심이 없다. 주인아저씨들이 그런 시설을 자랑해도 나는 시큰둥해서는 불을 켜줘도 사진도 잘 찍지 않았다. 오히려 작은 바가지 같은 것이나 소리를 질러대고 말이다. 앞에서도 이야기했지만, 나는 목욕탕 하면, 깨끗한 탕에서 좋은 물에 따뜻하게 몸을 담그고 몸을 따뜻하게 만들고, 몸을 씻고 깨끗해져서 시원해져서 나가는 것이 목적인데, 가끔 더 더러운 것들을 보고 찝찝해져서 나갈 때는 정말 공중목욕탕에 대한 오만정이 떨어져 나간다.

　한국에 와서도 가끔 목욕탕에 가는데, 어느 날은 한 아주머니께서 탕 안에서 발바닥을 밀고 계신 것을 보았다. 정말 화가 나서 쳐다보자 아주머니는 멋쩍게 일어나 황망히 나갔는데, 물이 더러워졌다는 것보다는 다 같이 쓰는 곳에서 자기만 깨끗해지고 나가겠다는 그

심보가 고약해서 더 화가 났었다.

허브를 가득 채운 주머니를 담근 커다란 욕조에서 유유히 몸을 담근 후 나오면 로비 한쪽의 다다미방에서 책을 보거나 바둑을 두며 휴식을 취할 수 있다. 이것저것 걸어둔 물건 중 하나인 손님이 그려준 마츠모토 목욕탕과 가족들의 인상을 보면 손님들이 이 가족을 얼마나 아끼는지 알 수 있다.

그러니까, 얼마든지 할 수 있어요.

이제까지 해왔던 대로. 이 마을의 목욕탕으로.

비타민 티

마츠모토유가 있는 히가시 나카노를 방문할 때쯤 나는 꽤 지쳐 있었다. 반갑게 맞아주는 분이 대부분이었지만, 이야기를 하려고 하면 마치 잡상인을 대하는 것마냥 "그러니까, 필요없다니까!"라며 쫓겨나기도 했고, 처음엔 무작정 목욕탕이 좋다는 마음에서 시작한 이 여행이 책임감과 두려움으로 무거워지기도 하고, 글을 정리한답시고 게으름을 피우며 카페에서 빈둥거린 것에 대한 죄책감과 체력적인 한계로 지쳐 더 이상 아무것도 즐겁지 않은 날들이 쌓이고 있었다.

그리고 오늘은 이상하게 촬영도 계속 거절 당하고, 어렵게 찾아간 한 곳은 문을 닫았고, 불친절한 아저씨를 만나 기분까지 상한 후에 "에이, 안 해!"라고 선언한 후 전에 놓고 온 물건을 가지러 다시 마츠모토유에 들른 날이었다. 이미 날은 저물었고, 허탕을 친 하루가 속이 상해 터덜터덜 무겁게 걸음을 옮기고 있었다. 야채 가게나 대부분의 가게가 7시밖에 안 되었는데도 문을 닫아 더 어둡고 늦은 저녁처럼 보이는 거리에 아직 문을 닫지 않은 가게를 발견하고 살구색 조명이 새어 나오는 문틈으로 나는 얼굴을 들이밀고 손으로 만든 작은 도자기 인형을 바라보고 있었다.

"밖은 더우니까 안에 들어와서 보세요"라는 권유에 들어가보니 한쪽은 작품을 전시하는 작은 갤러리가, 한쪽은 작가들의 작품을 판매하고 있는 작은 상점이었다. 전국의 신진 작가들을 발굴해서 그들의 작품을 판매하는 곳이었다. 이런저런 작품이야기로 시작된 우리의 이야기는 한국과 일본이야기, 목욕탕 이야기를 건너 어느덧 내 고민이야기로 흘렀다.

주인아저씨는 콧수염은 없지만 배철수 아저씨 같은 인상에 꽤 길게 머리를 기르고 있었는데, 요 며칠 여행이 잘 풀리지 않아서 자꾸 지친다고 했더니 아저씨는 그래도 분명 내 마음에 닿는 것이 있을 것이고 그것을 찾고나면 그것이 사진에 남을 것이니 포기하지 말라고 했다. 내가 재미없어 하면 분명 글과 사진에 다 드러날 것이라 했다. 사람이 만든 것이기 때문에 반드시 그 안에 사람의 마음이 드러난다는 것이다. 그리고 그것은 만들지 않은 사람의 눈에도 보이게 된다. 내가 재미없어 하며 찍은 사진과 글은 아무것도 전달하지 못할 것이라고…… 분량을 만들어야 한다는 부담감으로 호기심의 눈에서 매의 눈으로 변하던 순간, 아무리 많은 사진을 찍어도 가슴에 와 닿는 것이 없다는 건 나도 이미 알고 있었다.

잔뜩 찍은 사진을 아무리 돌려봐도 기억에 남는 것이 없고 사진을 보아도 하고 싶은 말이 없어 당황스럽고 혼란스럽기만 한 며칠이었는데. 아저씨는 그런 마음을 다잡기 위해서는 체력이 가장 중요하다는 꽤나 현실적인 충고를 해주었다. 체력이 있어야 뭐든지 즐겁게 할 수 있다고.

가게에서 처음 만난 사람에게 고민 상담까지 하다니 참 나답지 않은 일이지만, 한 시간이 넘게 이야기하고, 격려하고, 나가는 내게 힘

내라며 좋은 소식 전해달라고 하는 인사를 들으니 이 여행을 시작할 때의 설렘이 다시금 찾아온 것만 같았다. 처음 목욕탕에 가서 어리바리하게 질문을 하며 모든 것을 신기해하던 나에게 우유를 주면서 "간바떼네がんばってね(힘내요)!"라는 인사를 들었을 때의 기분이 다시 생각났다.

마냥 신이 나서 시작한 여행도 30일쯤 되어가니 외로운 고양이 같이 조금 쓸쓸해질 때가 온다. 그런데 히가시 나카노가 계속 해보라고, 지치지 말라고, 한번 더 해볼 수 있게 생선 한 마리를 던져주었다. 당분간 좀 더 어슬렁거려볼 힘이 난다.

주인아저씨 이야기를 좀 해보자면, 아저씨가 히가시 나카노를 선택한 이유는 이곳이 아직 뚜렷한 지역 '냄새'가 없기 때문이라고 했다. 신주쿠와 가깝지만 하라주쿠나 나카노처럼 번잡하지 않고 너무 뚜렷한 색깔이 없기 때문에 골랐다는 것. 여러 가지 다양한 모양의 작가를 소개하고 싶은 이곳과 잘 맞는 생각이다.

비타민 티는 전국에서 소개를 받거나 직접 발굴한 신진 작가들의 작품을 매주 돌아가며 전시하고 작품을 대신 판매한다. 처음에는 판매만 했는데, 전시를 함으로써 계속 신선한 느낌을 주고 새로운 물건을 살 수 있다는 이미지를 주려고 한다. 그래서 매주 오는 손님들도 많다. 작품들은 모두 하나하나 작가들이 직접 만든 것이다. 주로 소개를 통하고 있지만, 운영하고 있는 홈페이지로 작가들이 직접 연락을 해오기도 한다고 한다. 어떤 작가들은 인기가 좋아서 금방 품절이 되고 전시도 두 번씩 하는 경우도 있다고. 나는 라무네를 그린 엽서와 친구에게 줄 고양이 그림 엽서를 오미야게로 구입했다.

좋은 가게다.

이 이야기가 세상에 나오면, 언젠가 꼭 다시 가서 건네주며 "즐겁게 잘 마쳤어요"라고 말해야지.

마츠모토유
松本湯

주　　소 | 나카노 구 히가시나카노 5-29-12 (中野区東中野 5-29-12)

전화번호 | 03-3371-8392

영업시간 | 14:00~24:00

휴　　일 | 매주 목요일

요　　금 | 성인 450엔

가는 길

JR 소부선 또는 오에도 선 히가시나카노 역에서 걸어서 7분.

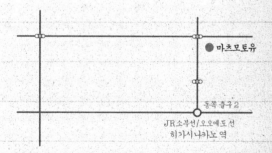

● 마츠모토유

동쪽 출구

JR소부선/오오에도 선
히가시나카노 역

목조 목욕탕의 지붕에서 내려와 옆 소나무로, 그 옆 담벼락으로 이어지는 온기와
정취 속에서 돌아가는 길조차 정겨운 그 무엇이 된다.

치요노유는 그동안 찾아갔던 목욕탕 중에서 유일하게 나무 바가지를 사용하는 곳이었다. 이 바구니를 꼭 찍고 싶어서 집에 돌아가기 전날인데도 짬을 내어 찾아간 것이다. 원래는 사고 싶었던 물건도 좀 사고 구경도 좀 할까 했는데, 지금까지의 자료들을 정리하다보니, 역시 여기까지 가보자는 결심을 하고 말았다. 그날 저녁 지인들과 저녁식사를 하면서 기어이 오늘도 다녀왔다고 하자, 다 커서 기특하다는 소리도 들었다.

"요즘에는 모두 플라스틱 바구니를 사용하는데 계속 나무 바구니 쓰기 비싸지 않나요?"

"사실 우리도 다 새것으로 바꿔주는 것은 아니고 물에 눅눅해지거나 더러워지면 새것을 사서 우선 여탕에 넣어줘. 헌것은 남탕으로 가지. 남자들은 아무거나 써도 돼. 허허. 한 개에 3,000엔 정도하니까 비싸서 한 번에 다 새것으로 바꾸지는 않아. 될 수 있는 한 예전 모습 그대로 하려고 노력하고 있는데."

치요노유의 안마기와 체중계도 50년 전 그때의 것 그대로 지금도 사용하고 있었다. 같이 늙어가고 있구나. 그래서 요금도 그 당시 요금인 10엔 그대로다. 가격을 올리기 위해서는 안마기 자체를 바꿔야 해서 그냥 그대로 사용하고 있다. 건물이나 물건들은 모두 옛날 그대로지만 단순히 박물관의 물건처럼 전시되어 있는 것이 아니라 생생하게 오늘도 사용되면서 번듯하게 제구실을 하는 든든한 놈들이다.

탕으로 들어가 보니, 남탕의 페인트 그림은 서이즈 섬에서 바라본 후지산의 전경이다. 2대째의 주인이 직접 찍어 온 사진을 바탕으로 그린 것이다. 그래서 실제로 찍어온 사진과 그림이 거의 같은 것이 참 특별하고 멋지다. 지금은 다들 후지산을 그리지만 옛날에는 목욕탕에 어린아이들이 많이 왔기 때문에 만화를 그리는 곳도 꽤 많았다고 한다. 그림의 밑에는 광고를 그려 넣어서 그 광고를 의뢰한 회사들이 돈을 내주기 때문에 일 년에 한 번씩 페인트 그림을 바꿀 수 있었는데, 지금은 손님이 줄어 광고가 전혀 없으니까 일 년에 한 번 바꾸기는커녕 여기저기 바랜 곳의 보수도 그냥 두고 있다.

아저씨가 예쁘게 쌓아올린 나무 오케(바가지) 위로 높은 천장을 통해 들어오는 햇살이 얹어 앉은 게 예뻐서 한참을 보고 있으니 아저씨는 이미 로커룸으로 사라졌다. 조용한 목욕탕 바닥에 앉아 있으려니, 그렇게 돌아다니고도 아직 아무도 없는 목욕탕 안이 어색하고 신기하다. 밤의 목욕탕이 시끌시끌하고 땀내 나는, 어둑해지고 쓸쓸하면서도 따뜻해져서 하루를 마무리하는 퇴근길의 느낌이라면, 낮의 목욕탕은 좀 더 밝고 여유로운 햇살의 느낌. 2층 높이라야 얻어지는 해방감을 낮에는 제대로 즐길 수 있다.

밖으로 나와 목욕탕의 외관을 바라보고 있자면 참, 도시 한복판에 이런 건물이라니. 너무나 정겨운 것이다. 그리고 목욕탕의 한쪽에는 언제나 서 있는 소나무. 목조건물이 풍기는 고풍스러움과 자연스러움. 그리고 친절한 나무의 온기. 석양이 지든, 밝은 햇살이 비치든, 밤이 되어 가로등 불이 켜지든, 일반 빌딩이 아닌 목조건물만이 주는 풍경이 생긴다. 목욕탕의 지붕에서 내려와 옆 소나무로, 그리고 담벼락으로 계속 이어지는 그 온기와 정취 속에서 천천히 걸어 돌아가는 길조차 정겨운 그 무엇이 된다.

매일 오는 손님들은 자신의 짐을 보자기로 싸서 한쪽 선반에 올려둔다.
맞춘 것도 아닌데 색색의 보자기들이 나름대로 예쁜 모양새를 하고 있다.

치요노유
千代の湯

주　　소 | 나카노구츄오 3-16-12 (中野区中央 3-16-12)

전화번호 | 03-3369-2997

영업시간 | 15:30~24:00

휴　　일 | 매주 토요일

요　　금 | 성인 450엔

가는 길

마루노우치 선 신나카노 역에서 걸어서 8분.

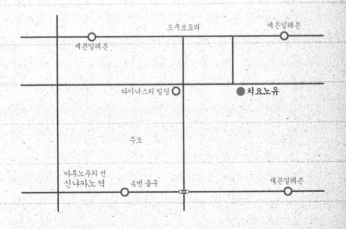

몸도 데우고 마음도 데웠습니다

아마 일본 목욕탕에 간 사람들 중에는 우리의 목욕탕과 별반 다르지 않다고 생각하는 사람들이 대부분일 것이다. 이 사람들은 때를 밀지 않는군, 또는 벽에 그림을 그려놓았군 정도의 차이만을 인식한 채 '일본에 위치한' 목욕탕에 가본 정도에 의의를 두는 사람도 있을 것이다. 나는 탕속에 가만히 앉아서 벽 페인트 그림에 벗겨진 부분을 지그시 볼 때나, 주인아저씨와 이런저런 이야기를 하는 중간에 중요한 것들을 발견했다고 느끼는 경우도 있었는데, 그것은 우리네 것과 아주 유사한 것, 우리가 이미 본 것이라고 생각하는 똑같은 구조의 장소, 하지만 실제로는 여러 부분에서 매우 다르게 흘러가고 있는 장소의 미묘한 차이를 내가 조금 더 자세히 보려고 노력했기 때문에 얻어진 선물이라고 생각했다.

맨 처음 물었던, 일본에서는 목욕탕에서 어떤 음료수를 먹나? 같은 질문은 어렸을 때의 추억을 바탕으로 더해진 것들이다. 호기심의 대상에 좋은 추억이 겹쳐지면 그 대상은 확실히 더 멋진 것이 된다.

릭 스타인이라는 요리사가 스페인의 지방을 여행하면서 먹어본 음식을 직접 만들어보는 텔레비전 프로그램을 보게 되었는데, 숯불로 고기를 굽는 유명한 가게의 주인에게 왜 숯불을 고집하느냐고 묻는 장면이 있었다.

가게 주인은 전기도 가스도 없던 어린 시절 할머니가 장작에 구워주는 고기 맛이 그렇게 좋았는데, 나이가 들어 지금에도 역시 그 맛이 제일 좋다고 했다. 릭 스타인은 그 말에 공감하며 지금 내가 맛있다고 생각하는 이미지의 모든 것들은 모두 어린 시절 맛있다고 생각한 것이라고 맞장구를 쳤다. 실제 그때의 맛은 별로였을지 몰라도 그 분위기, 기억, 사랑 같은 감정이 더해진 맛을 그리워하면서, 그런 맛을 요리해내고 싶은 기분인 것이다. 마치 목욕탕에 씻으러 간다는 사실 그 자체보다 어렸을 때 목욕탕에서 하루를 마무리하던 기억의 따스함을 매일 밤 집으로 가져가고 싶은 사람들의 것과 같다고 느꼈다.

에쿠니 가오리 또한 그녀의 푸드 에세이 『부드러운 양상추』에서 비슷한 이야기를 했다.

"두보네라는 술은 마셔본 적도 없고 블루치즈는 싫어한다. 길쭉한 이탈리아 빵이란 것도 잘 모른다. 하지만 그런 것은 중요하지 않다. 이곳에서 모든 것을 맛있게 하는 것은 방과 친구들이며 럼은 어떠냐는 제안과 거절이며 스포츠 센터용 짧은 바지 그리고 스토브와 얼음 상자 위에 놓인 소금과 환기다."

사람이 충족된 식사를 할 때 필요한 것은 바로 그러한 것들이라는 에

쿠니의 말에, 나 또한 내가 좋아했던 식사를 떠올려봤다. 물론 혀가 기절할 만큼 맛있는 음식이 생각나기도 하지만.

시답잖은 농담과 그때의 분위기, 냉장고를 열고 닫으며 넣었던 아보카도, 실수로 더 들어간 간장과 스카프인 줄 알고 둘렀던 바지(그래서 엉덩이가 목 아래 턱받이처럼 보였던)와 그것도 모르고 지었다는 내 표정까지. 이런 것들이 그때 그 음식을 맛있었다고 생각하게 하는 것들이었다.

힘들고 추운 겨울에 일본의 목욕탕에 처음 갔을 때, 귀여운 병음료와 페인트 그림과 반다이의 아저씨에게 보이기 싫어 쭈볏쭈볏 혼자 옷을 갈아입었던 사건에 어렸을 때의 그 따뜻했던 기억들이 더해져, 이 모든 것들이 참 따뜻하고 즐겁다.

어떤 기억이든지, 그것을 생각나게 하는 것들에 감사하며 호기심을 갖고 조금 더 친절하게 바라본다면 그쪽에서도 당신이 즐겁다고 여길 만한 것들을 친절하게 내어줄 것이다. 하찮고 작은 것이라도 충분히 관찰하고 '여행할' 가치가 있음을, 그렇게 낯선 곳에 서서히 물들어가는 내 모습을 지켜보는 일도 꽤 괜찮았음을 나는 이 한 권의 책을 통해서 이야기하고 싶었다.

450엔의 행복, 도쿄 목욕탕 탐방기
ⓒ 황보은 2012

초판 1쇄 인쇄 2012년 5월 18일 | **초판 1쇄 발행** 2012년 5월 25일

글·사진 황보은

펴낸이 이병률
편집 김지향
디자인 김선미 이현정
마케팅 방미연 정유선 | **인터넷 마케팅** 이상혁 장선아
제작 안정숙 서동관 김애진

펴낸곳 🐕
출판등록 2009년 5월 26일 제406-2009-000034호

주소 413-756 경기도 파주시 문발동 파주출판도시 513-8
전자우편 dal@munhak.com
전화번호 031-955-2666(편집) | 031-955-8889(마케팅) | **팩스** 031-955-8855

ISBN 978-89-93928-47-1 03980